Schnelleinstieg ins SAP®-Finanzwesen (FI)

Peter Niemeier

Bibliografische Information der Deutschen Bibliothek
Die Deutsche Bibliothek verzeichnet diese Publikation in der Deutschen Nationalbibliografie; detaillierte bibliografische Daten sind im Internet über http://dnb.ddb.de abrufbar.

Peter Niemeier
Schnelleinstieg ins SAP®-Finanzwesen (FI)

ISBN: 978-3-9435-4667-5

Lektorat: Anja Achilles

Korrektorat: Christine Weber

Coverdesign: Philip Esch, Martin Munzel

Coverfoto: Fotolia # 38541871 © apops

Satz & Layout: Johann-Christian Hanke

Alle Rechte vorbehalten

1. Aufl. 2014, Gleichen

© Espresso Tutorials GmbH

URL: *www.espresso-tutorials.com*

Feedback:
Wir freuen uns über Fragen und Anmerkungen jeglicher Art. Bitte senden Sie diese an: *info@espresso-tutorials.com*.

Inhaltsverzeichnis

Einleitung

Das vorliegende Buch richtet sich hauptsächlich an Berater und End-
anwender, die sich in die Anwendungskomponente für die Finanzbuchhaltung von SAP einarbeiten wollen. SAP FI (Financial Accounting) kann Ihnen dazu dienen, alle Prozesse rund um das Erstellen von Bilanzen sowie von Gewinn- und Verlustrechnungen (externes Rechnungswesen) vereinfacht abzubilden und Finanztransaktio-
nen in Echtzeit zu kontrollieren. Eine kostenmäßige Steuerung be-
triebsinterner Prozesse sowie ein transparentes Berichtswesen gehören zwar auch in den Bereich Finanzbuchhaltung, werden aber in der
Komponente für das interne Rechnungswesen (CO) berücksichtigt
und sind daher nicht Gegenstand meiner Betrachtungen.

Zum Verständnis des vorliegenden Werkes sind nur wenige SAP-
Grundkenntnisse erforderlich. Grundlagen der Buchführung werden
in der notwendigen Ausführlichkeit behandelt, um den Transfer in die
entsprechenden SAP-Abläufe nachvollziehen zu können. Am Ende
finden Sie zu allen Kapiteln Aufgaben, die den Lernprozess abrun-
den.

Im Text verwenden wir Kästen, um wichtige Informationen besonders hervorzuheben. Jeder Kasten ist zusätzlich mit einem Piktogramm versehen, das diesen genauer klassifiziert:

Hinweis

Hinweise bieten praktische Tipps zum Umgang mit dem jeweiligen Thema.

Warnung

Warnungen weisen auf mögliche Fehlerquellen oder Stolpersteine im Zusammenhang mit einem Thema hin.

Beispiel

Beispiele dienen dazu, ein Thema besser zu illustrieren.

Zum Abschluss des *Vorwortes* noch ein Hinweis zum Copyright: Sämtliche in diesem Buch abgedruckten Screenshots unterliegen dem Copyright der SAP AG. Alle Rechte an den Screenshots liegen bei der SAP AG. Der Einfachheit halber haben wir im Rest des Buches darauf verzichtet, darauf unter jedem Screenshot gesondert hinzuweisen.

1 Grundlagen

Der Oberbegriff *Rechnungswesen* fasst alle Rechenwerke zusammen, die sich mit den im Betrieb auftretenden Geld- und Leistungsströmen mengen – sowie wertmäßig befassen. Zentrale Aufgaben des betrieblichen Rechnungswesens sind die Erfassung, Speicherung und Verarbeitung quantitativer Unternehmensdaten für vergangene oder zukünftige Abrechnungszeiträume.

1.1 Bedeutung des Rechnungswesen

Da das betriebliche Rechnungswesen sowohl Vergangenheits- als auch Planungsrechnungen umfasst, können folgende Funktionen charakterisiert werden:

1. *Dokumentation*: Alle in der Vergangenheit realisierten Geschäftsvorfälle werden zahlenmäßig festgehalten. Typisches Beispiel ist die chronologische Datenerfassung und das Anfertigen von Statistiken zum Verkaufsverhalten. Hierbei ergibt sich aus der Verkaufsmenge und dem Verkaufspreis der erzielte Umsatz.

2. *Planung*: Im Wesentlichen sollen Planungsalternativen erarbeitet und prognostizierten Werte zugeordnet werden. Die Ermittlung der zukünftigen Selbstkosten dient als Grundlage zur Entscheidung über die Annahme oder Ablehnung neuer Kundenaufträge.

3. *Kontrolle*: Im Rahmen eines Soll-Ist-Vergleichs werden prognostizierte Werte in Relation zu den tatsächlichen Abweichungen gesetzt. Beispielsweise werden geplante Umsätze den geplanten Kosten gegenübergestellt.

Anhand der Informationsadressaten können interne und externe Empfänger unterschieden werden:

► interne Adressaten sind die Manager selbst,

► externe Adressaten sind Gläubiger, Aktionäre, Arbeitnehmer, Finanzbehörden, Arbeitnehmer.

Je nach Interessenslage kann das Rechnungswesen in ein externes und ein internes eingeteilt werden (siehe Abbildung 1.1).

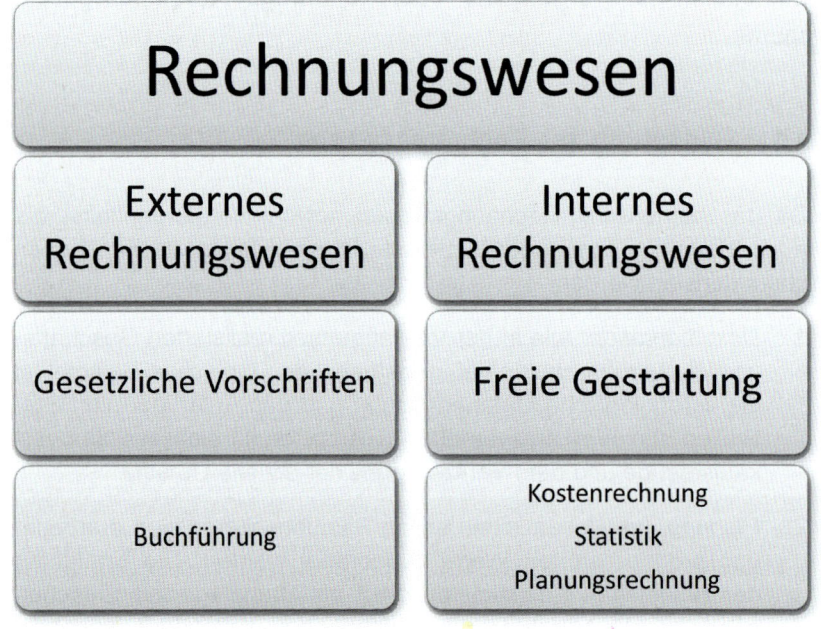

Abbildung 1.1: Rechnungswesen

Im SAP-Kontext wird die Komponente FI üblicherweise dem externen und die Komponente CO dem internen Rechnungswesen zugeordnet.

1.2 Externes Rechnungswesen

Grundlage des externen Rechnungswesens ist die *Buchführung,* auch *Geschäfts-* bzw. *Finanzbuchhaltung* genannt. Alle Begriffe bedeuten im Wesentlichen dasselbe und werden im Folgenden synonym verwendet.

Durch die Buchführung werden sämtliche Vermögensveränderungen eines Unternehmens in der jeweiligen zeitlichen Abfolge aufgezeichnet. Dies geschieht für eine vorher festgelegte Periode wie Jahr, Quartal oder Monat. Zwingender Abschluss der Finanzbuchhaltung ist die Aufstellung einer Bilanz (§ 266 HGB) sowie einer Gewinn- und Verlustrechnung (§ 275 HGB). Die Bilanz gibt Informationen über das Vermögen zu einem bestimmten Zeitpunkt und wird daher auch als *Bestandsrechnung* bezeichnet. Hierbei stehen die Mittelherkunft auf der Passivseite und die Mittelverwendung auf der Aktivseite der Bilanz. Eine Gewinn- und Verlustrechnung (GuV) ist eine Stromgrößenrechnung, da sie Informationen über den Erfolg innerhalb eines bestimmten Zeitraums gibt. Eine periodengerechte Gewinnermittlung ist hier das oberste Ziel.

Veränderungen des Vermögens sind das Ergebnis von Geschäftsvorfällen, wie z. B. der Einkauf bzw. Verkauf von Waren oder gefertigten Produkten. Folglich kann die Buchführung auch als planmäßige, lückenlose und ordnungsgemäße Erfassung der Geschäftsvorfälle bezeichnet werden. Insbesondere fallen der Buchhaltung folgende Aufgaben zu:

1. *Dokumentation:* Durch die lückenlose Aufzeichnung aller betrieblichen Vorgänge, vom Einkauf über die Produktion bis hin zum Verkauf, können Abläufe im Unternehmen jederzeit nachvollzogen werden.

2. *Information:* Stets ist der Stand des Vermögens abzulesen und die Größe des Erfolgs erkennbar.

3. *Rechenschaftslegung*: Die Buchführung ist gegenüber allen am Unternehmen beteiligten Personen, Institutionen, Banken auskunftspflichtig.

4. *Besteuerungsgrundlage:* Das Ergebnis der GuV wird zur Berechnung der Steuer herangezogen.

5. *Beweismittel:* Bei Streitigkeiten vor Gericht dient die Buchführung als Beweismittel.

6. *Grundlage für weiterführende Rechenwerke*: Die Kosten- und Leistungsrechnung baut, ebenso wie die Statistik und Planungsrechnung, auf den Ergebnissen der Finanzbuchhaltung auf.

Die Buchführung (bzw. der Jahresabschluss) kann somit je nach Adressat Auskunft geben, etwa: dem Gläubiger, wie sicher die Kredite in Zukunft sind, dem (Klein-)Aktionär, welche Ertragskraft das Unternehmen hat, oder den Finanzbehörden, mit welchen Steuereinnahmen zu rechnen ist.

Die Buchführung und der daran anschließende Jahresabschluss unterliegen gesetzlichen Restriktionen. Das Handelsgesetzbuch schreibt nicht nur die Form des Abschlusses, sondern auch die Bewertung einzelner Vermögensgegenstände und Schulden vor. Darüber hinaus schränkt die Steuergesetzgebung die Bewertung der Wirtschaftsgüter ein. Dies dient zum einen der Vergleichbarkeit für externe Bilanzleser und zum anderen der Gleichmäßigkeit der Besteuerung. Damit soll der Willkür bei Aufstellung des Jahresabschlusses vorgebeugt werden, die Bemessungsgrundlage je nach Wunsch zu verändern.

1.3 Internes Rechnungswesen

Während das externe Rechnungswesen einer deutlichen Reglementierung unterworfen ist, liegt es beim internen Rechnungswesen im Eigeninteresse der Verantwortlichen, das Zahlenwerk der betrieblichen Realität anzupassen. Es ist unnötig, hier klare Gesetze vorzugeben, da die Unternehmensleitung selbst das Ziel der Ergebnisse ist und das Rechenwerk nicht nach außen dringen darf.

1.3.1 Kosten- und Leistungsrechnung

Die von der Buchführung gelieferten Daten werden in der Kosten- und Leistungsrechnung in vielfältiger Weise verarbeitet:

▶ *Kontrolle:* Die Umgruppierung des Zahlenmaterials führt zu Erkenntnissen, die Rückschlüsse auf das Entstehen der Kosten und deren mögliche Beeinflussung zulassen.

▶ *Preisbildung:* Die Zuordnung der Kosten zu einem Produkt unterstützt die Verkaufspreisermittlung.

▶ *Eigen- oder Fremdherstellung:* Betriebliche Entscheidungen jedweder Art können getroffen werden – wie etwa, ob ein Produkt selbst hergestellt oder eingekauft wird.

Die Kosten- und Leistungsrechnung wird gewöhnlich kurzfristig angelegt.

1.3.2 Statistik und Vergleichsrechnung

Die Statistik beschäftigt sich mit der Aufbereitung und Interpretation der Zahlenwerke aus der Buchhaltung sowie der Kosten- und Leistungsrechnung. Sie soll

▶ zusätzliche Erkenntnisse liefern,

▶ Vergleiche verschiedener Stände im Betrieb (z. B. Produktionsmengen, Umsatzwerte, Lagerdauer) sowie

▶ die Ermittlung von Zusammenhängen zwischen betrieblichen Größen (verschiedener Kennzahlen wie Eigenkapital/Bilanzsumme oder Abschreibung/Gewinn) ermöglichen.

Die Statistik und Vergleichsrechnung wird selten als eigenständiges Rechenwerk geführt, sondern dient vielmehr als Ergänzung zu bestehenden Auswertungen der Buchhaltung sowie der Kosten- und

Leistungsrechnung. So ist beispielsweise ein Zeitvergleich der betrieblichen Entwicklung möglich. Aber auch ein betriebsübergreifender Vergleich ist durchaus denkbar, wobei auf die Schwierigkeiten bei der Datenbeschaffung hinzuweisen ist.

1.3.3 Planungsrechnung

Die Planungs- bzw. Prognoserechnung ist eine Vorschaurechnung und hat die Aufgabe, zukünftige betriebliche Vorgänge zu erkennen und sich darauf vorzubereiten.

Dabei baut die Planungsrechnung auf Daten der Bereiche Buchhaltung, Kosten- und Leistungsrechnung sowie Statistik auf. Auf Basis daraus resultierender Pläne wird ein Soll-Ergebnis angepeilt, dem durch einen späteren Abgleich mit dem Ist-Ergebnis eine wesentliche Steuerungsfunktion zukommt. Diese Vergleiche ermöglichen den verantwortlichen Personen, Abweichungen und deren mögliche Ursachen zu analysieren. Es werden folgende Typen der Planungsrechnung unterschieden:

- ▶ Produktionsplanung,
- ▶ Absatzplanung,
- ▶ Investitionsplanung,
- ▶ Finanzplanung.

Hierbei kommt es zu Überschneidungen mit der Kosten- und Leistungsrechnung. So werden die Produktions- und Absatzplanung von der Kostenrechnung bei gegebenen Kapazitäten übernommen.

2 Was ist SAP?

Die drei Buchstaben SAP stehen für *Systeme, Anwendungen und Produkte in der Datenverarbeitung.* Allgemein wird SAP als Anbieter von Programmen für Enterprise-Resource-Planning (ERP) bezeichnet. ERP verfolgt das Ziel, alle in einem Unternehmen gebundenen Ressourcen möglichst effizient einzusetzen. Damit ist zumeist die Organisation von Kapital, Betriebsmitteln oder Personal gemeint. In betrieblichen Strukturen bedeutet dies so viel wie das Planen der Zusammenarbeit von Einkauf, Produktion und Verkauf.

Der Einsatz der SAP-Software soll eine übergreifende Zusammenarbeit aller genannten Abteilungen gewährleisten. Abbildung 2.1 zeigt, wie diese Bereiche wie Zahnräder ineinandergreifen. So werden beispielsweise die einmal angelegten Lieferantenstammdaten sowohl im Finanzwesen als auch im Einkauf verwendet.

Für alle betrieblichen Funktionen hat SAP jeweils einzelne Module entwickelt: für den Verkauf das *Sales and Distribution* (SD), *Materialmanagement* (MM) für den Einkauf und *Production Planning and Control* (PP) für die Produktion.

Abbildung 2.1: SAP als ERP-Programm

Weiterhin wird SAP auch als *integrierte Software* bezeichnet, was bedeutet, dass nicht nur diese drei Module ineinandergreifen, sondern auch Daten an andere Module, wie zum Beispiel die Buchführung, liefern. Die Buchführung ist damit gewissermaßen in die Module Einkauf, Produktion, Verkauf integriert. SAP bildet anhand der Werteflüsse in einem Unternehmen dessen Geschäftsprozesse in der Software nach. Jeder Verkaufsprozess beginnt mit dem Einkauf der Rohstoffe. Die Planung und Umsetzung der betrieblichen Vorgänge erfolgt in allen drei Bereichen (Einkauf, Produktion, Verkauf) gemeinsam (siehe Abbildung 2.2).

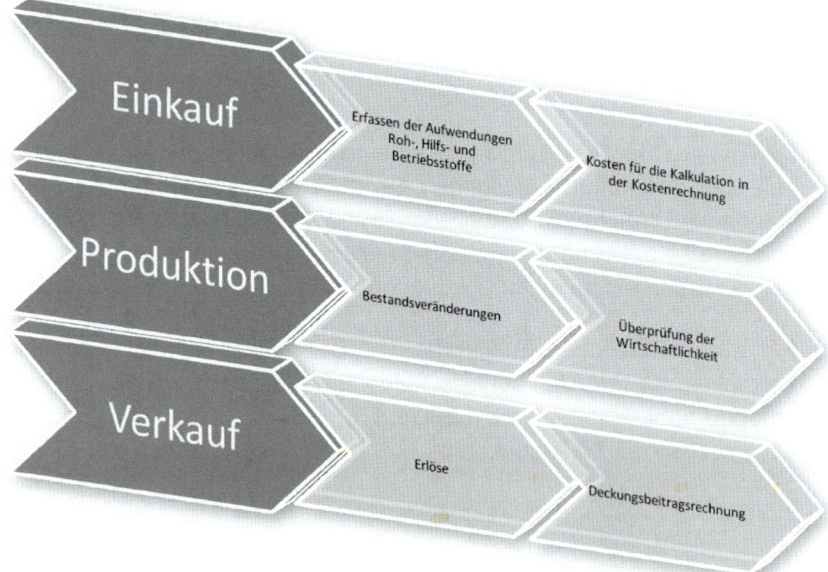

Abbildung 2.2: SAP als integrierte Software

Abbildung 2.2 verdeutlicht, dass Vorgänge wie der Einkauf von Roh-, Hilfs- und Betriebsstoffen im gleichen Prozess in der Buchhaltung erfasst und in der Kostenrechnung als Grundlage zur Kalkulation verwendet werden. Die technische Verarbeitung findet in SAP gleichzeitig statt. Hierfür stand ehemals die Abkürzung »R/3« (R = Realtime = Echtzeit)

Aus der Vielzahl der von SAP angebotenen Module ist die Finanzbuchhaltung mit SAP Gegenstand dieses Buchs. Für die Finanzbuchhaltung entwickelte SAP das Modul Financials (FI). Dieses Modul erlaubt die Abbildung aller Vorgänge der Finanzbuchhaltung:

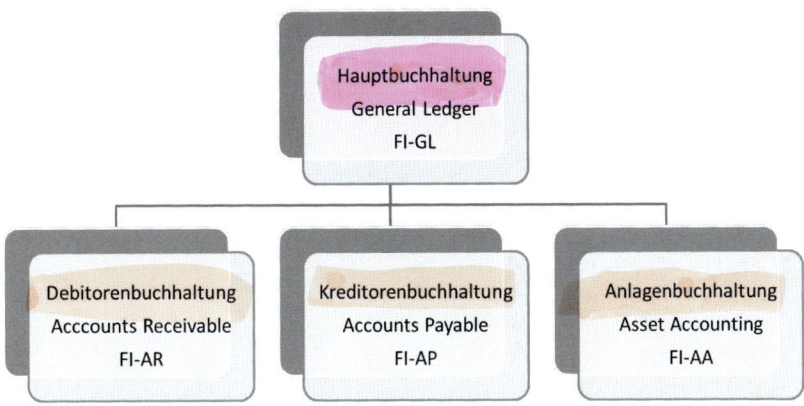

Abbildung 2.3: SAP Financials

Die Debitoren-, Kreditoren- und Anlagenbuchhaltung stellen Nebenbücher der Hauptbuchhaltung dar (siehe Abbildung 2.3). Im Nebenbuch sind einzelne Vorgänge detaillierter dargestellt, während im
Hauptbuch nur noch der Saldo ausgewiesen wird. Beispielsweise
sind einzelne Forderungen gegenüber Kunden mit Zahlungsbedingungen und Detailinformationen im Nebenbuch gespeichert. Der
Gesamtbestand der Forderungen spiegelt sich hingegen in einer
Summe in der Hauptbuchhaltung wider.

Auch die Kostenrechnung gliedert SAP in mehrere Module, wie in
Abbildung 2.4 aufgeführt:

Abbildung 2.4 SAP Controlling

3 Organisationselemente

In einem Unternehmen laufen Prozesse normalerweise abteilungsübergreifend ab. In global agierenden Unternehmen erfolgen diese sogar länder- und unternehmensübergreifend. Zur Abbildung der unterschiedlichen Prozesse hat SAP eine Vielzahl von Organisationselementen eingeführt.

Alle Organisationselemente haben sowohl eine betriebswirtschaftliche und zugleich technische Bedeutung im SAP-System. Einerseits stellen sie z. B. ein rechtlich selbstständiges Unternehmen dar, sie sind andererseits in technischer Hinsicht eine Tabelle in der relationalen Datenbank.

3.1 Mandant

Der Mandant ist die höchste Ebene von allen Organisationseinheiten. Er steht für das Unternehmen bzw. die Unternehmenszentrale.

▶ Technisch: Jeder Mandant stellt eine eigenständige Einheit mit eigenen Stammsätzen, einem vollständigem Satz an Tabellen und Daten, dar. Die Tabelle für mandantenabhängige Daten enthält in der ersten Spalte einen Mandantenschlüssel, der einen bestimmten Mandanten identifiziert. Der Mandant wird durch diesen dreistelligen numerischen Schlüssel im System repräsentiert.

▶ Betriebswirtschaftlich: Unter betriebswirtschaftlichen Gesichtspunkten stellt der Mandant einen Konzern oder ein Großunternehmen dar.

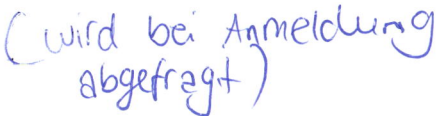
(wird bei Anmeldung abgefragt)

Der Mandant

 Betriebswirtschaftlich betrachtet, kann der gesamte Volkswagenkonzern als Mandant angelegt werden.

Spezifikationen oder Daten, die in allen Organisationseinheiten der SAP ERP-Anwendungen verwendet werden sollen (z. B. Wechselkurse), werden bereits auf der Mandantenebene angelegt, was die mehrmalige Eingabe erspart.

Auf Mandantenebene eingegebene Daten stehen dem gesamten Konzern zur Verfügung. Alle untergeordneten Organisationselemente werden mit einem Datensatz auf Mandantenebene verknüpft. Auf diese Weise werden Datenredundanz vermieden und ein einheitlicher Datenbestand für den gesamten Konzern erreicht.

3.2 Buchungskreis

Die wichtigste Organisationseinheit des externen Rechnungswesens ist der Buchungskreis (BuK). Für jedes Unternehmen wird ein solcher eingerichtet (siehe Abbildung 3.1). Das bedeutet, für einen Konzern, der aus mehreren selbstständigen Unternehmen aufgebaut ist, muss für jedes einzelne Unternehmen ein eigener Buchungskreis vorhanden sein.

Buchungskreise

Bezogen auf unseren Beispiel-Mandanten »Volkswagenkonzern«, sind als mögliche Buchungskreise VW, Audi, Porsche und Skoda anzulegen.

Auf Buchungskreisebene wird die Hauptbuchhaltung geführt. Hier müssen alle rechtlichen Anforderungen beachtet und die gesetzlich vorgeschriebenen Bilanzen sowie GuV-Rechnungen aufgestellt werden. Es wird je Unternehmen ein Jahresabschluss angefertigt. Sofern in unserem Beispiel VW mit drei Unternehmen in Deutschland, zwei in Frankreich und einem Italien tätig ist, müsste man sechs Buchungskreise anlegen.

Definition Buchungskreis

Zusammenfassend kann der Buchungskreis als kleinstes Organisationselement bezeichnet werden, für das eine vollständige, in sich abgeschlossene Buchhaltung abgebildet werden kann.

Dazu ist es erforderlich, bei jeder Transaktion in der Finanzkomponente von SAP ERP den Buchungskreis mit anzugeben. Dies geschieht entweder manuell oder durch Ableiten des Buchungskreises aus anderen Datenelementen.

Somit muss jeder Buchungskreis eindeutig in dem Mandanten identifiziert werden können. Um diese Voraussetzung zu erreichen, hat jeder Buchungskreis:

▶ einen eindeutigen vierstelligen alphanumerischen Schlüssel

▶ und verfügt über eine Hauswährung.

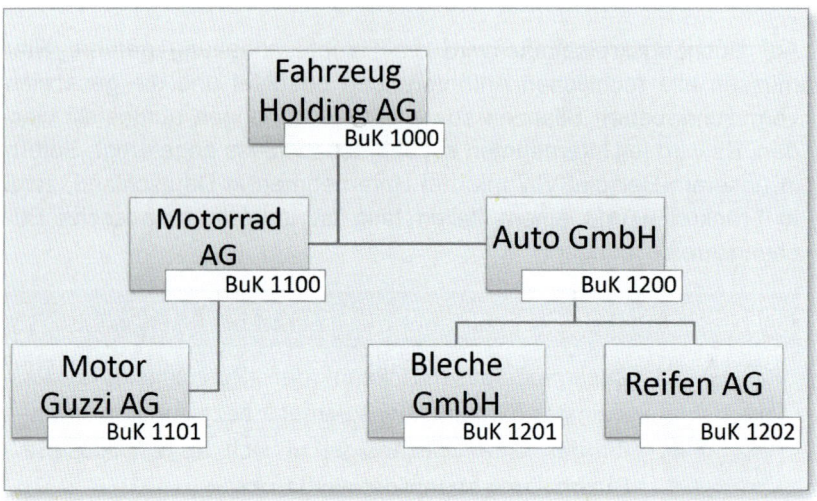

Abbildung 3.1: Mandant mit Buchungskreisen

Viele Unternehmen müssen nicht nur nach einer Rechnungslegungsvorschrift reporten, sondern unterschiedliche Informationsbedürfnisse bedienen (landesspezifische Anforderungen, Konzernanforderungen usw.). Dies führt dazu, dass der Jahresabschluss (Bilanz, GuV, Anhang, Lagebericht) z. B. sowohl nach HGB, US-GAAP als auch nach IFRS erstellt werden muss. Gerade bei international agierenden Konzernen ist der Vergleich zwischen den einzelnen Unternehmen innerhalb einer Gruppe normalerweise gewünscht. Neben den lokalen Anforderungen für Deutschland, Frankreich oder Italien kommt dann zumeist ein internationaler Vergleichsmaßstab wie IFRS zum Einsatz.

3.3   Organisationselemente für die Berichterstattung

Mit der Einführung der Organisationselemente

▶ Profitcenter,

▶ Segment

▶ und Geschäftsbereich

hat SAP auf die gestiegenen Anforderungen an eine Berichterstattung nach internationalen Rechnungslegungsvorschriften reagiert. Das Ziel ist, unterhalb der Ebene Buchungskreis über einzelne Teilbereiche der unternehmerischen Aktivitäten zu berichten.

3.3.1   Profitcenter

Neben dem Organisationselement *Segment* misst SAP dem bereits länger bekannten Organisationselement *Profitcenter* inzwischen eine größere Bedeutung bei.

Ein Profitcenter ermöglicht es, Buchungskreise in kleinere organisatorische Einheiten einzuteilen und dient, wie gesagt, hauptsächlich dem Berichtswesen. Für ein Profitcenter kann eine Gewinn- und Verlustrechnung bzw. Bilanz aufgestellt werden.

In älteren SAP-Versionen war die Profitcenterrechnung alleiniger Bestandteil der Kostenrechnung, mittlerweile kann diese auch integriert in der Hauptbuchhaltung abgebildet werden.

Profitcenter werden auch als *Gewinnverantwortungsbereiche* bezeichnet, was bedeutet, dass sie aus unterschiedlichen, funktional zusammenhängenden Einheiten gebildet werden können. Beispiele für ein Profitcenter sind:

▶ Werk,

▶ Branche

▶ oder geografischer Standort.

3.3.2 Segment

Seitens der internationalen Rechnungslegung wird gefordert, dass über alle Aktivitäten des Unternehmens bzw. Konzerns berichtet wird. Es sollen damit einem breiteren Publikum mögliche Risiken oder Chancen des Unternehmens dargelegt werden. Dazu bietet SAP mit *Segment* eine weitere Organisationseinheit an, die für die Erstellung von Berichten genutzt werden kann.

Segmente ermöglichen einen Überblick über die unterschiedlichen Geschäftsaktivitäten eines international tätigen Unternehmens und stellen Informationen über das allgemeine Umfeld zur Verfügung. Diese Informationen dienen dazu, einen besseren Überblick über die ökonomische Leistungsfähigkeit des Unternehmens zu erhalten und somit genauere Annahmen über dessen möglichen Umsatz und finanzielle Rücklagen zu erstellen.

Segmentberichterstattung

 Die Volkswagen AG kann diese Form einsetzen, um Aktivitäten (Umsätze und Kosten) in Richtung Hybrid- bzw. Elektroauto konzernweit zu berichten.

3.3.3 Geschäftsbereich

Geschäftsbereiche sind eigenständige Bereiche innerhalb einer Organisation und können buchungskreisübergreifend verwendet werden. Sie stellen Bilanzierungseinheiten dar, die ihre eigenen Abschlüsse für interne und externe Zwecke erstellen können. So ist es z. B. möglich, Verkehrszahlen je Geschäftsbereich zu sichern und auszuwerten. (Beispiel Geschäftsbereich/Hauptgeschäftsfelder: Schulung, Beratung und Software-Entwicklung.)

In den letzten Jahren hat dieses Organisationselement allerdings zugunsten der Profitcenter und Segmente an Bedeutung verloren. Es ist zwar noch vorhanden, wird aber von SAP nicht mehr aktiv weiterentwickelt.

3.4 Kostenrechnungskreis

Für das Controlling (internes Rechnungswesen) ist der Kostenrechnungskreis das wichtigste Organisationselement. Beispielsweise finden Auswertungen immer auf Ebene eines Kostenrechnungskreises statt. Es können ein oder mehrere Buchungskreise einem Kostenrechnungskreis zugeordnet werden. Dazu müssen allerdings alle Buchungskreise mit einer identischen Struktur der Kontonummern und Kontobezeichnungen arbeiten. Zusätzlich ist ein gleiches Geschäftsjahr erforderlich. Nur so ist es möglich, über mehrere Buchungskreise hinweg eine Organisationsstruktur aufzubauen, die Kosten und Leistungen verwaltet.

In Abbildung 3.2 ist ein Mandant mit mehreren Buchungskreisen und zwei Kostenrechnungskreisen abgebildet. Die Motorrad AG und Motoren AG bilden gemeinsam einen Kostenrechnungskreis, wohingegen die übrigen einem zweiten Kostenrechnungskreis angehören.

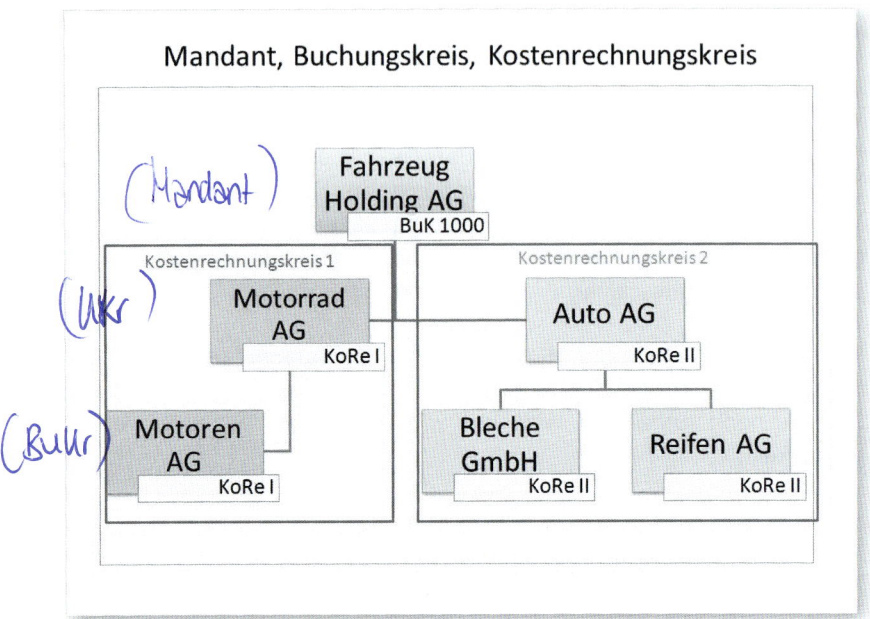

Abbildung 3.2: Mandant, Buchungskreis, Kostenrechnungskreis

3.5 Werk und Lagerort

Für den Verkauf (Sales und Distribution, SD) und den Einkauf (Material Management, MM) sind Werk und Lagerort die bedeutendsten Organisationselemente.

3.5.1 Werk

In der Logistik ist das Werk eine organisatorische Einheit, die das Unternehmen aus Sicht der Produktion, Beschaffung, Instandhaltung und Disposition gliedert.

Erst mit Bildung eines Werkes kann ein Unternehmen den Material-fluss und die Produktion (Wertschöpfungsprozess) steuern. Mit der

Bezeichnung *Werk* können unterschiedlichste Einheiten des Unternehmens gemeint sein:

▶ Produktionsstätte,

▶ zentrales Auslieferungslager,

▶ regionales Vertriebsbüro,

▶ Hauptsitz einer Firma,

▶ Instandhaltungsstandort.

Werke

 Für unseren Automobilkonzern wären hier die Werke in Wolfsburg, Sindelfingen, Ingolstadt etc. zu nennen. Ein Werk ist eine rechtlich unselbständige Einheit zur Produktion, d. h. in diesem Fall Montage eines Autos.

Im SAP-Rechnungswesen ist der Buchungskreis als juristisches Organisationselement zu betrachten. In SAP MM und SD hingegen bekommt der Buchungskreis eine stärkere organisatorische Bedeutung, denn Werke werden hier immer einem Buchungskreis zugeordnet. In einem Mandanten wird das Werk mit einem eindeutigen, vierstelligen alphanumerischen Schlüssel im System definiert.

3.5.2 Lagerort

Der Lagerort dient dazu, Material aufzubewahren bzw. eine mengenmäßige Bestandsführung durchzuführen. Auch die Inventur wird auf dieser Ebene erstellt. Ein Werk kann mehrere Lagerorte enthalten. Innerhalb eines Werkes wird der Lagerort mit einem eindeutigen, vierstelligen alphanumerischen Schlüssel definiert.

Abbildung 3.3 zeigt die Zusammenhänge zwischen Buchungskreis, Werk und Lagerort am Beispiel der Porsche Automobil Holding SE.

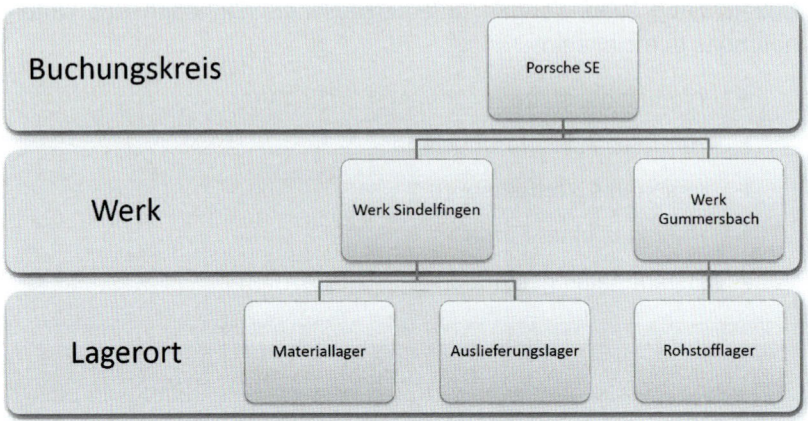

Abbildung 3.3: Buchungskreis, Werk und Lagerort

3.6 Einkaufsorganisation

Die Aufgabe der Einkaufsorganisation ist die Beschaffung von Materialien oder Dienstleistungen. Eine Einkaufsorganisation wird in der
Unternehmensstruktur durch Zuordnung zu einem Buchungskreis
eingegliedert. Dabei können Sie berücksichtigen, ob der Einkauf in
Ihrer Firma zentral oder dezentral organisiert ist.

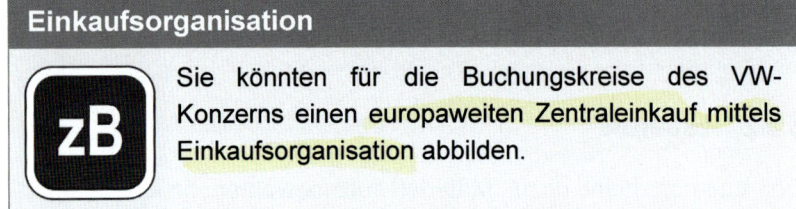

Einkaufsorganisation

zB Sie könnten für die Buchungskreise des VW-
Konzerns einen europaweiten Zentraleinkauf mittels
Einkaufsorganisation abbilden.

3.7 Verkaufsorganisation

Die Hauptaufgabe der Verkaufsorganisation ist der Vertrieb von Materialien und Leistungen. Die Verkaufsorganisation ist in die SAP-Struktur als organisatorische Einheit der Logistik eingebettet.

Auch hier ist es wieder erforderlich, dass die Verkaufsorganisation direkt einem Buchungskreis zugeordnet ist – wobei es durchaus denkbar ist, dass ein Buchungskreis auch mehrere Verkaufsorganisationen beinhaltet, etwa für Deutschland Nord, Süd, West und Ost. *(z.B. nach Regionen)*

Sofern die Vertriebsfunktion des SAP-Systems genutzt werden soll, muss mindestens eine Verkaufsorganisation vorhanden sein. Die Vertriebsfunktionalität von SAP richtig verwenden zu können bedeutet, sich über Vertriebswege und Sparten Gedanken zu machen.

In Abbildung 3.4 sind mögliche Vertriebsbereiche aufgeführt. Ausgehend von einer Verkaufsorganisation, kann über einen Vertriebsweg die jeweilige Sparte bedient werden.

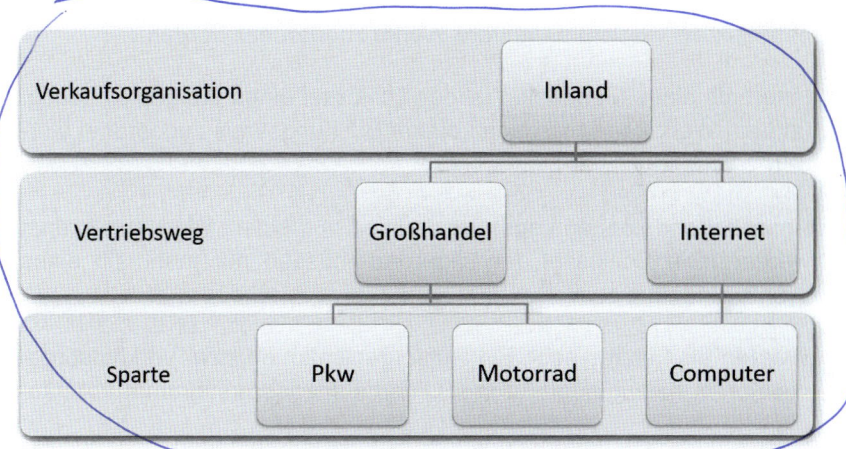

Abbildung 3.4: Beispiel für einen Vertriebsbereich

Vertriebsbereich

Der Vertriebsweg beschreibt die unterschiedlichen Absatzkanäle:

▶ Werksverkauf,

▶ Telefonverkauf,

▶ E-Commerce (Internethandel),

▶ Groß- und Einzelhandel.

Die Sparte ist organisiert nach den jeweiligen Produkten des Unternehmens, bzw. nach den Eigenschaften des Materials. Verkaufsorganisation, Vertriebsweg und Sparte bilden zusammen den Vertriebsbereich.

3.8 Unternehmensstruktur

Aus diesen verschiedensten Organisationselementen lässt sich eine Unternehmensstruktur zusammensetzen. Diese entsteht, sobald verschiedene Organisationseinheiten einander zugeordnet werden. Einem Mandanten können mehrere Buchungskreise und einem Buchungskreis wiederum mehrere Werke zugeordnet werden.

Innerhalb eines Mandanten ist der Schlüssel eines Werkes eindeutig, und ein Werk kann nur genau einem Buchungskreis zugeordnet werden.

Anschließend können Lagerorte definiert und einem Werk zugeordnet werden. Die Schlüssel der Lagerorte müssen nur innerhalb eines Werks eindeutig sein.

Werden als Letztes noch Einkaufsorganisationen bzw. Verkaufsorganisationen hinzugefügt, ist das Unternehmensorganigramm vollständig.

4 Doppelte Buchführung

Jedes Unternehmen ist verpflichtet, alle geschäftlichen Aktivitäten aufzuzeichnen: Es müssen Bücher geführt werden. Leider geben weder das Handelsrecht (§ 238 HGB) noch das Steuerrecht (§ 141 AO) genauer darüber Auskunft, welche Bücher zu führen sind und welches Buchführungssystem zu implementieren ist.

Nahezu ausnahmslos findet in der Wirtschaft das System der Doppelten Buchführung (*Doppik*) Anwendung. Die Doppik ist ein in sich geschlossenes System, welches eine Vielzahl logischer Regeln enthält, die zu einem in sich schlüssigen Jahresabschluss führen. Grundaufgabe der Doppik ist die Erfassung aller geschäftlichen Aktivitäten – auch *Geschäftsvorfälle* genannt – die sich im Laufe eines Wirtschaftsjahres in einem Unternehmen ereignen. Aus der Doppik wird der Jahresabschluss bestehend aus Bilanz und GuV entwickelt. Der Vollständigkeit halber sei erwähnt, dass Kapitalgesellschaften (§ 264 HGB) zusätzlich zur Bilanz und der GuV noch Anhang und einen Lagebericht hinzufügen müssen, um einen vollständigen Jahresabschluss vorlegen zu können.

4.1 Geschäftsvorfälle als Grundlage der Buchführung

Der Ansatzpunkt jeglicher Buchführung ist der Geschäftsvorfall. Jedes Unternehmen erwirbt und verkauft die unterschiedlichsten Produkte. Je nach Gewerbe verarbeitet es die Produkte oder veräußert sie ohne Veränderung. Dazu erwirbt das Unternehmen Möbel und Computer für sein Büro oder auch Briefmarken bzw. nutzt das Telefon. Diese Vorgänge sind Geschäftsvorfälle und müssen mit Datum und Betrag aufgezeichnet werden. Beispiele für Geschäftsvorfälle:

▶ Ein Kaufmann liefert Ware und stellt eine Rechnung darüber aus;

▶ beim Einkauf von Briefmarken wird ein Barzahlungsbeleg ausgestellt;

▶ die Einlage eines bisher privat genutzten Vermögensgegenstandes (z. B. Kfz) in das Betriebsvermögen;

▶ die Entnahme aus dem Betriebsvermögen;

▶ Auszahlung eines Darlehens.

Keine Geschäftsvorfälle sind:

▶ die Kontenübersicht der Geschäftsbank,

▶ Zusicherung eines Darlehens,

▶ Mahnungen, Lieferscheine oder Saldenbestätigung der Kunden und Lieferanten.

Keine Buchung ohne Beleg!

 Es kann in diesem Zusammenhang nicht oft genug auf die Bedeutung von Belegen hingewiesen werden, die für jeden Geschäftsvorfall vorhanden sein müssen.

Beispiele für Belege:

▶ Eingangsbelege,

▶ Ausgangsbelege,

▶ Kassenbelege,

▶ Bankbelege,

▶ Eigenbelege,

▶ Materialentnahmescheine,

▶ Steuerbescheide,

▶ Bescheide der verschiedensten Behörden (z. B. vom Ordnungsamt),

▶ Bescheide unterschiedlichster Körperschaften des öffentlichen Rechts (z. B. der IHK oder Krankenkasse).

An dieser Stelle sei schon mal darauf hingewiesen, dass der Begriff *Beleg* im SAP-System eine andere Bedeutung hat. Während für die ordnungsgemäße Buchführung in der Regel ein Beleg aus Papier gemeint ist, der die Richtigkeit des Geschäftsvorfalls beweist, bezeichnet in SAP der Beleg einen elektronischen Vorgang.

4.2 Grundbuch und Hauptbuch

Alle Geschäftsvorfälle werden in zweifacher Weise aufgezeichnet, und zwar in der Reihenfolge ihres chronologischen Auftretens sowie ihres sachlichen Zusammenhangs. Die hierzu benötigten Instrumente sind das *Konto* und der *Buchungssatz*. Die chronologische Aufzeichnung findet im Grundbuch statt, wohingegen die sachliche Erfassung im Hauptbuch erfolgt.

Obwohl zunächst der Buchungssatz gebildet wird und erst anschließend die Übertragung auf Konten erfolgt, wird die Erläuterung beider Begriffe nachfolgend umgekehrt dargestellt. Dies dient dem besseren Verständnis.

4.2.1 Darstellung der Geschäftsvorfälle durch Konten

Die Kontendarstellung wird verwendet, um Geschäftsvorfälle sachlich zu ordnen. Hierzu gibt es verschiedene Formen, von denen ich im Folgenden das T-Konto näher erläutern möchte.

T-Konto

Wie in Abbildung 4.1 ersichtlich, sieht das Konto wie ein »T« aus. Durch diese Darstellung können Zugänge und Abgänge voneinander getrennt werden.

In nahezu jedem Unternehmen wird eine Kasse geführt. Entweder weil Bargeschäfte vorliegen, wie z. B. im Lebensmittelhandel, oder beim An- und Verkauf von Gebrauchtfahrzeugen. Selbst in Unternehmen, in denen üblicherweise bargeldlose Zahlungsvorgänge überwiegen, kann eine Kasse existieren, die zum Begleichen von Nachnahmen bzw. kurzfristigen Besorgungen geführt wird.

An das Führen einer Kasse stellt der Gesetzgeber hohe Anforderungen. In Unternehmen mit vielen Bargeschäften muss täglich die Kasse abgestimmt werden. Dazu werden tagsüber sämtliche Vorgänge in ein Kassenbuch eingetragen. Dadurch ist es möglich, die Ausgaben von den Einnahmen abzuziehen. Am Ende des Tages wird das Geld gezählt und mit dem Ergebnis aus dem Kassenbuch verglichen. Es bedarf keiner besonderen Erwähnung, dass die Ergebnisse übereinstimmen müssen.

Doch damit sind die Vorgänge noch nicht in der Buchhaltung erfasst. Dazu werden zuerst Buchungssätze für jeden einzelnen Vorgang gebildet und anschließend auf Konten übertragen. Genau so ein Konto zeigt Abbildung 4.1. Die Sollseite nimmt nur Beträge auf, die den Kassenbestand erhöhen, während auf der Habenseite Entnahmen aus der Kasse aufgeführt sind.

Es ist seit jeher üblich, die linke Seiten eines Kontos mit *Soll* und die rechte Seite mit *Haben* zu bezeichnen. Ursprünglich hießen die Seiten *soll geben* und *soll haben*.

Soll		Kasse	Haben
Anfangsbestand	1.000	Einkauf Briefmarken	100
Einzahlung des Kunden Müller	500	Kauf eines PC	1.200
Einzahlung Kunde Maier	600		

Abbildung 4.1: Darstellung der Kasse als T-Konto

Abschließen eines Kontos

Im Laufe des Wirtschaftsjahres sammeln sich sehr viele Buchungen auf den Konten an. Mit dem Begriff *Saldo des Kontos* wird der Vorgang bezeichnet, durch den beide Seiten – Soll und Haben – zum Ausgleich gelangen. Ein Konto kann jederzeit abgeschlossen werden, um sich einen Überblick über das aktuelle Vermögen machen zu können. Auf alle Fälle aber muss jedes Konto am Ende eines Wirtschaftsjahres abgeschlossen werden, wenn der Jahresabschluss, das Aufstellen einer Bilanz, ansteht.

Gebildet wird der Saldo, indem die wertmäßig größere Seite ermittelt und auf die andere Seite übertragen wird. Nun müssen die kleinere Seite von dem Übertrag abgezogen und das Ergebnis bzw. der Saldo über diese Position eingetragen werden. Durch diese Technik kommt das Konto zum Ausgleich, was als *Abschließen eines Kontos* bezeichnet wird. Der Saldo kann nun in einem anderen, übergreifenden Konto – normalerweise dem Schlussbilanzkonto – erfasst werden. Abbildung 4.2 erläutert diese Technik.

Soll	Kasse	Haben	
Anfangsbestand	150	Porto	30
Verkauf Handelswaren	350	Löhne	100
Übertrag vom Bankkonto	250	Einkauf Waren	120
Verkauf eines gebrauchten PKW	350	3. Saldo	850
1.	1.100	2.	1.100

1. Die größere Seite ist Soll und ergibt 1.100 €. Im Haben stehen 250 €. Das Ergebnis unter der Spalte als letzte Position aufführen.
2. Übertrag auf die andere Seite.
3. Die anderen Positionen addieren (Haben mit 250 €), vom Übertrag abziehen und als Saldo eintragen.

Abbildung 4.2: Kontenabschluss

4.2.2 Erfassen der Geschäftsvorfälle durch Buchungssätze

Die zeitliche (chronologische) Ordnung erfolgt im *Grundbuch* mittels eines sogenannten Buchungssatzes. Der *Buchungssatz* ist eine Norm, die den Geschäftsvorfall in eine systematisierte Form bringt. Grundsätzlich verändert jeder Geschäftsvorfall zwei Konten, einmal im Soll und einmal im Haben. Es muss darauf geachtet werden, dass auf beiden Seiten die Veränderung in gleicher Höhe erfolgt.

Einfacher Buchungssatz

Sind nur zwei Konten durch einen Geschäftsvorfall betroffen, so entsteht ein *einfacher Buchungssatz.*

Grundsätzlich muss zuerst die Soll- und danach die Habenbuchung erfolgen. Dies hat sich durchgesetzt, um Fehler bei der Übertragung zu vermeiden.

Die Begriffe Soll- und Habenkonto sind Platzhalter für die Bezeichnungen eines Kontos wie z. B. Pkw, Grund und Boden oder Bank. Ein

Beispiel erläutert diesen Zusammenhang und ist in der Abbildung 4.3 dargestellt.

Einfacher Buchungssatz

 Entnehme ich aus der Portokasse 100 €, zahle diese auf dem Bankkonto ein, so handelt es sich dabei um einen einfachen Buchungssatz.

Bank 100 €

an Kasse 100

Geschäftsvorfall: Ein Unternehmer erwirbt ein Grundstück für 55.000 € und zahlt durch Banküberweisung.

Grund und Boden	an	Bank	55.000 €

Soll	Grund und Boden	Haben
Bank	55.000 €	

Soll	Bank	Haben
	Grund und Boden	55.000 €

Abbildung 4.3: Grund und Boden an Bank

In Abbildung 4.3 stehen der Buchungssatz und darunter die Übertragung auf T-Konten. Der Buchungssatz ist im Grundbuch erfasst, und das Hauptbuch nimmt die Kontendarstellung auf.

Aus dieser wird ersichtlich, dass bei der Kontendarstellung dem Betrag das jeweils andere (Gegen-)Konto vorangestellt wird. Dies erleichtert, den vollständigen Vorgang zu finden.

Zusammengesetzter Buchungssatz

Beim einfachen Buchungssatz sind nur zwei Konten angesprochen. Ein *zusammengesetzter Buchungssatz* entsteht, wenn durch einen Geschäftsvorfall mehr als zwei Konten angesprochen werden. Zu beachten ist: Wie beim einfachen Buchungssatz wird grundsätzlich von Soll an Haben gebucht, mit dem Unterschied, dass jetzt beliebig viele Konten pro Seite aufgeführt werden können.

Geschäftsvorfall: Ein Unternehmer erwirbt Rohstoffe für 1.500 € und zahlt 500 € bei Lieferung bar. Der Rest erhöht seine Verbindlichkeiten aus Lieferung und Leistung (aLuL). In Abbildung 4.4 sind der Buchungssatz und der Übertrag auf die Konten dargestellt.

4.3 Ablauf der Buchhaltung

Der Ablauf der Buchhaltung ist immer gleich: Die Buchhaltung startet, indem alle benötigten Konten eröffnet und alle Geschäftsvorfälle im Laufe eines Wirtschaftsjahres erfasst werden. Zum Ende des Wirtschaftsjahres werden auf allen Konten der Saldo ermittelt und dadurch die Buchhaltung abgeschlossen.

4.3.1 Eröffnungsbilanz und Schlussbilanz

Die Bilanz unterliegt hinsichtlich Form und Inhalt gesetzlichen Vorschriften. Der Gesetzgeber fordert im Moment der Unternehmensgründung das Aufstellen einer Eröffnungsbilanz, und zu jedem Ende eines Wirtschaftsjahres eine Schlussbilanz. Letztere ist auch gleichzeitig Eröffnungsbilanz für das folgende Wirtschaftsjahr und muss nicht extra aufgestellt werden.

Nr.	Sollkonto	Betrag	Habenkonto	Betrag
1	Rohstoffe	1.500 €		
			Kasse	500
			Verbk. aLuL	1.000

Soll	Rohstoffe		Haben
Kasse/Verbk. aLuL	1.500		

Soll	Kasse		Haben
AB	15.000	Rohstoffe	500

Soll	Verbindlichkeiten aLuL		Haben
		Rohstoffe	1.000

Abbildung 4.4: Rohstoffe an Kasse und Verbindlichkeiten (aLuL)

Wie in Abbildung 4.5 zu erkennen ist, führt die Bilanz keine Konten auf, sondern Bilanzpositionen, die sich aus einem oder mehreren Konten zusammensetzen können. Bei der Bilanzposition ANDERE ANLAGEN, BETRIEBS- UND GESCHÄFTSAUSSTATTUNG sind exemplarisch mögliche Konten hinzugefügt. Die entsprechenden Vorschriften hierzu sind im Handelsgesetzbuch enthalten und gelten hauptsächlich für Kapitalgesellschaften. Diese Vorschriften betreffen im Wesentlichen die Veröffentlichung einer Bilanz, und dabei ist es ohne Bedeutung, ob der Wert für z. B. Pkw oder Büromöbel für den Bilanzleser erkennbar ist.

A.

   I. Anlagevermögen:

      Immaterielle Vermögensgegenstände:

      1. Selbst geschaffene gewerbliche Schutzrechte und ähnliche Rechte und Werte,

      2. entgeltlich erworbene Konzessionen, gewerbliche Schutzrechte und ähnliche, Rechte und Werte sowie Lizenzen an solchen Rechten und Werten,

      3. Geschäfts- oder Firmenwert,

      4. geleistete Anzahlungen.

   II. Sachanlagen:

      1. Grundstücke, grundstücksgleiche Rechte und Bauten einschließlich der Bauten auf fremden Grundstücken,

      2. technische Anlagen und Maschinen,

      3. andere Anlagen, Betriebs- und Geschäftsausstattung:
         Pkw
         Lkw
         Büroeinrichtung
         Werkzeuge

      4. geleistete Anzahlungen und Anlagen im Bau.

Abbildung 4.5: Formvorschriften einer Bilanz

4.3.2 Aktivkonten und Passivkonten

Auf der Aktivseite sind die Vermögensgegenstände des Unternehmens aufgeführt. Dies können Gebäude mit Grund und Boden, Kraftfahrzeuge oder auch Büromöbel sein. Auf der Passivseite stehen das Eigenkapital und die Schulden des Unternehmens. Der folgende Kasten zeigt die grundsätzlichen Zusammenhänge der Aktiv- und Passivkonten.

Aktivkonten	Passivkonten
▶ Der Anfangsbestand steht auf der Sollseite.	▶ Der Anfangsbestand steht auf der Habenseite.
▶ Zugänge werden auf der Soll-seite eingetragen.	▶ Zugänge werden auf der Ha-benseite eingetragen.
▶ Abgänge stehen im Haben.	▶ Abgänge stehen im Soll.
▶ Der Saldo steht auf der Ha-benseite.	▶ Der Saldo steht auf der Sollsei-te.

Die Abbildung 4.6 zeigt diesen Zusammenhang noch einmal in Kontenform:

Soll	Aktivkonto	Haben	Soll	Passivkonto	Haben
Anfangsbestand	- Abgänge		- Abgänge	Anfangsbestand	
+ Zugänge	Schlussbestand		Schlussbestand	Zugänge	

Abbildung 4.6: Kontenformel

Anzumerken ist noch, dass es Konten gibt, die im Laufe eines Geschäftsjahres vom Aktivkonto zum Passivkonto werden bzw. umgekehrt. Ein charakteristisches Beispiel ist das Bankkonto, das einen Kontokorrentkredit (landläufig auch »Dispokredit« genannt) in der Buchführung abbildet. Ausschließlich an seinem Saldo ist zu erkennen, ob das Konto auf der Aktiv- oder Passivseite steht.

4.3.3 Auflösung der Bilanz in Bestandskonten

Die Auflösung der Konten dient der Übersichtlichkeit, denn als Alternative wäre eine fortwährende Aktualisierung der Bilanz bei jedem

Geschäftsvorfall vorzunehmen. Auch wenn dies im Zeitalter der Informationstechnologie noch praktikabel erscheint, erfüllt es nicht den Anspruch auf Nachvollziehbarkeit eines Vermögenspostens im Laufe des Wirtschaftsjahres. Auf einem Konto dagegen sind jederzeit sämtliche Geschäftsvorfälle einer Periode sichtbar und nachvollziehbar.

Aktiva	Schlussbilanz		Passiva
TA und Maschinen	25.000	Eigenkapital	30.000
Rohstoff	15.000	Darlehen	15.000
Bankguthaben	5.000		
	45.000		45.000

Abbildung 4.7: Beispiel

Für das in Abbildung 4.7 gezeigte einfache Beispiel zur Verdeutlichung eines Geschäftsjahres ergeben sich nur wenige Geschäftsvorfälle:

1. Kauf einer Maschine (Drehbank) für 30.000 € per Banküberweisung,

2. Auszahlung eines Darlehens von 15.000 €,

3. Kauf von Rohstoffen auf Ziel von 5.000 €.

Hieraus ergeben sich folgende Buchungssätze (siehe Abbildung 4.8):

Nr	Soll	an	Haben	Betrag
1	TA und Maschinen	an	Bankguthaben	30.000
2	Bankguthaben	an	Darlehen	15.000
3	Rohstoffe	an	Verbindlichkeiten aLuL	5.000

Abbildung 4.8: Buchungssätze Geschäftsvorfälle

Sind die einzelnen Geschäftsvorgänge gebucht, so ergibt sich folgender Kontenstand auf den Sachkonten (siehe Abbildung 4.9):

Soll	TA und Maschinen	Haben
EBK	25.000	
1. Bankguthaben	30.000	

Soll	Rohstoffe	Haben
EBK	15.000	
3. Verbindlichkeiten	5.000	

Soll	Bankguthaben		Haben
EBK	5.000	1. TA und Maschinen	30.000
2. Darlehen	15.000		

Soll	Darlehen		Haben
		EBK	15.000
		2. Bank	15.000

Soll	Verbindlichkeiten aLuL		Haben
		3. Rohstoffe	5.000

Abbildung 4.9: Geschäftsvorfälle auf Konten gebucht

Im Laufe eines Geschäftsjahres werden somit alle Geschäftsvorfälle einzeln und transparent auf dem jeweiligen Sachkonto aufgezeichnet.

Die meisten Aktivkonten bleiben auch Aktivkonten; Entsprechendes gilt für die Passivkonten. Allerdings, wie am Beispiel der Bank zu sehen, kann ein Konto auch mal die Seite wechseln. Der Saldo steht auf der Sollseite und muss somit auf der Habenseite im Schlussbilanzkonto erfasst werden. Aus einem Aktivkonto wird ein Passivkonto.

Als eine Zusammenfassung aller Bilanzkonten entsteht die Schlussbilanz. In dieser kleinen Bilanz aus Abbildung 4.10 fällt die Formgebung entsprechend gering aus.

Aktiva	Schlussbilanz		Passiva
A. Anlagevermögen II. Sachanlagen 2. TA und Maschinen	55.000	A. Eigenkapital	30.000
B. Umlaufvermögen I. Vorräte 1. Roh-, Hilfs- und Betriebsstoffe	20.000	C. Verbindlichkeiten 2. Verbindlichkeiten ggü. Kreditinstituten 4. Verbindlichkeiten aus Lieferung und Leistung	40.000 5.000
	75.000		75.000

Abbildung 4.10: Schlussbilanz

Mit Aufstellen des Schlussbilanzkontos ist die Buchführung für das Geschäftsjahr fertig.

4.3.4 Erfolgskonten

Zum Verständnis der Erfolgskonten ist es unerlässlich, sich über das Eigenkapital und deren Bedeutung für das Unternehmen Gedanken zu machen. Das Eigenkapital ergibt sich aus dem Saldo der Vermögensgegenstände und Schulden. Steuerlich betrachtet, hat Eigenkapital auch die Bezeichnung *Betriebsvermögen*.

Die bisherigen Buchungen auf den Bestandskonten haben bislang ausschließlich das Vermögen und die Schulden verändert, das Eigenkapital blieb unverändert. Vermögensumschichtungen ändern zwar die Zusammensetzung der Bilanz, sind aber nicht erfolgswirksam: Es werden weder Gewinn noch Verlust erzielt. Durch den Einkauf von Rohstoffen und deren Verbrauch im Produktionsprozess entstehen Aufwendungen. Sofern die Erträge, die durch den Verkauf der fertigen Produkte entstehen, höher sind, entsteht ein Gewinn.

Nur Aufwendungen und Erträge haben Einfluss auf die Höhe des Eigenkapitals. *Aufwendungen* sind der Verbrauch von Roh-, Hilfs- und Betriebsstoffen. Ebenfalls dazu gehören Löhne und Gehälter, die der Unternehmer an seine Mitarbeiter zahlt, sowie sämtliche betrieblich veranlasste Aufwendungen wie z. B. die Miete, Kosten für Telefon oder Porto. *Erträge* entstehen aus dem Verkauf von Produkten und Waren.

Die Veränderung des Eigenkapitals entsteht also durch einen Werteab- bzw. -zufluss. Bezahlt der Unternehmer Löhne aus der Kasse, so verringert sich die Kasse, die einen Vermögensposten darstellt. Als Gegenkonto kommt nur das Konto »Eigenkapital« in Betracht, denn es verändert sich kein weiterer Vermögensposten. Ein entsprechender Buchungssatz lautet: »Eigenkapital an Kasse«. Damit verringert sich das Eigenkapital, und der Wert des Unternehmens sinkt.

Das Gleiche gilt beim Verkauf produzierter Waren und unterstelltem gleichzeitigem Eingang des Geldes auf dem Bankkonto. Hier lautet der Buchungssatz: »Bank an Eigenkapital«. Der Wert des Unternehmens steigt.

Das Konto »Eigenkapital« zeigt: Im Soll werden der Aufwand und im Haben der Erlös gebucht. Erlöse mehren und Aufwendungen senken das Eigenkapital (siehe Abbildung 4.11).

Soll	Eigenkapital	Haben
Minderungen des Eigenkapitals	Mehrungen des Eigenkapitals	
Aufwandskonten: Rohstoffverbrauch Löhne, Gehälter Abschreibungen Miete Zinsen Kfz-Aufwendungen	Ertragskonten: Umsatzerlöse Mieterträge Zinserträge Provisionen	

Abbildung 4.11: Eigenkapital

Es dürfte ohne Weiteres einsichtig sein, dass diese Vorgehensweise sehr unübersichtlich ist. Zum einen gliedert es die Aufwendungen und Erträge nicht hinreichend genug, und zum anderen wird das Bestandskonto »Eigenkapital« völlig überfrachtet. Zu diesem Zweck werden Erfolgskonten eingeführt, als Unterkonten des Eigenkapitals fungieren.

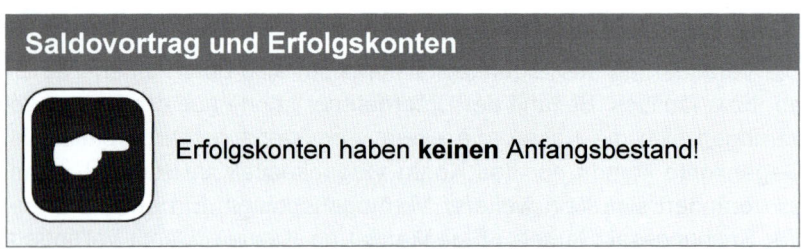

Saldovortrag und Erfolgskonten

Erfolgskonten haben **keinen** Anfangsbestand!

Erfolgskonten werden nicht wie Bestandskonten eröffnet. Erst bei Bedarf, also wenn ein Aufwand oder Ertrag zu verzeichnen ist, wird ein Erfolgskonto gebildet. Hierzu bilden zwei Geschäftsvorfälle die Grundlage des folgenden Beispiels:

1. Überweisung von Löhnen/Gehältern: 4.000 €.

2. Verkauf von Fertigprodukten: 6.000 €.

Nr	Soll	an	Haben	Betrag
1	Löhne	an	Bank	4.000
2	Bank	an	Erlöse	6.000

Abbildung 4.12: Buchung auf Erfolgskonten

Abbildung 4.12 zeigt die Buchungssätze und Abbildung 4.13 die entsprechende Buchung auf den Konten.

Der Abschluss der Erfolgskonten erfolgt über das Gewinn- und Verlustkonto (GuVK). Der Saldo, entweder Gewinn oder Verlust, wird auf das Konto »Eigenkapital« gebucht. Vom Gewinn- und Verlustkonto leitet sich dann später die gesetzlich vorgeschriebene Gewinn- und Verlustrechnung ab (§ 275 HGB).

Soll	Löhne/Gehälter		Haben
Bank	4.000	GuVK	4.000

Soll	Erlöse		Haben
GuVK	6.000	Bank	6.000

Soll	Gewinn- und Verlustkonto		Haben
Löhne/Gehälter	4.000	Erlöse	6.000
Eigenkapital (Gewinn)	2.000	2. Bank	
	6.000		6.000

Abbildung 4.13: Gewinn- und Verlustkonto

Für den Abschluss der Erfolgskonten entstehen folgende Buchungen:

Gewinn- und Verlustkonto   an   Aufwandskonten

Erfolgskonten   an   Gewinn- und Verlustkonten

Das GuVK wird mit bei Gewinn mit dem Buchungssatz

Gewinn- und Verlustkonto   an   Eigenkapital

und bei Verlust wie folgt abgeschlossen:

Eigenkapital   an   Gewinn- und Verlustkonto.

4.3.5 Abschluss der Buchhaltung

Nachdem ein Gewinn oder Verlust durch Abschluss der Erfolgskonten festgestellt ist, können alle Bestandskonten abgeschlossen werden. Aus dem Schlussbilanzkonto und dem Gewinn- und Verlustkonto können die Rechenwerke, die man zur Veröffentlichung benötigt, ermittelt werden.

4.4 Umsatzsteuer

Mit dem *Umsatzsteuergesetz* verfolgt der Gesetzgeber das Ziel, den Verbrauch auf jeder Handelsstufe einer Leistungskette zu besteuern. Wobei die Gestaltung und Wirkung der Umsatzsteuer darauf zielt, ausschließlich den Endverbraucher zu besteuern.

Vom Gesetzgeber ist der Unternehmer (Kaufmann) gezwungen, für die Finanzverwaltung die Umsatzsteuer einzubehalten und abzuführen. Dazu muss die Finanzbuchhaltung dieser Aufgabe entsprechend eingerichtet sein. Einerseits bekommt der Unternehmer Rechnungen mit Umsatzsteuerausweis, die eine *Forderung gegen das Finanzamt* darstellen, und andererseits ist die Umsatzsteuer der Ausgangsrechnungen des Unternehmers eine *Verbindlichkeit gegenüber dem Finanzamt.* Beide Bereiche müssen buchhalterisch klar und eindeutig getrennt sein und auf unterschiedliche Konten gebucht werden.

Die meisten Umsätze unterliegen dem Regelsteuersatz von 19 %. Daneben gibt es noch den ermäßigten Steuersatz von 7 %, für den ebenfalls bei Einrichtung der Buchführung entsprechende Konten anzulegen sind.

4.4.1 Buchen mit Vorsteuer beim Einkauf

Der Unternehmer kauft sowohl Waren als auch Dienstleistungen ein. Dafür muss der Lieferant, laut Umsatzsteuergesetz *Leistungsgeber* genannt, dem Leistungsempfänger eine Rechnung mit gesondertem Umsatzsteuerausweis erstellen (§ 14 UStG). Diese Umsatzsteuer ist für den Unternehmer eine Forderung gegen das Finanzamt und muss aus Gründen der Übersichtlichkeit auf ein eigenes Konto gebucht werden. Das heißt, die Rechnung muss in das Entgelt (Nettobetrag) und den Vorsteueranteil (Umsatzsteuer) getrennt werden.

Sowohl Entgelt als auch Umsatzsteuer werden auf getrennten Konten gebucht, wobei sich für die Steuer ein Konto namens »Vorsteuer« anbietet. Folgende Geschäftsvorfälle zeigen die Buchungen, wenn Vorsteuer zu berücksichtigen ist.

1. Einkauf von Handelswaren für 800 €, zuzüglich 152 € Vorsteuer auf Ziel.

2. Bareinkauf von Büromaterial für 238 € brutto.

3. Die Kostennote eines Rechtsanwalts in Höhe von 357 € wird überwiesen.

Nr.	Sollkonto	Betrag	Habenkonto	Betrag
1.	Handelswaren	800		
	Vorsteuer	152		
			Verbindlichkeiten	952
2.	Büromaterial	200		
	Vorsteuer	38		
			Kasse	238
3.	Rechts- und Beratungsaufwand	300		
	Vorsteuer	57		
			Bank	357

Abbildung 4.14: Buchungen mit Vorsteuer

Beim Geschäftsvorfall sind im Soll zwei Konten angesprochen: Handelswaren und Vorsteuer (siehe Abbildung 4.14). Da der Kaufmann den gesamten Rechnungsbetrag schuldet, stehen auf seinem Verbindlichkeitskonto beide Beträge. Jedem Buchungssatz wird eine Nummer vorangestellt, die auch auf dem Konto verzeichnet wird. So ist eine spätere Überprüfung ohne Weiteres möglich.

Bevor der zweite Buchungssatz gebildet werden kann, ist erst die Vorsteuer aus dem Rechnungsbetrag herauszurechnen. Um aus dem Bruttobetrag die Vorsteuer zu ermitteln, muss der Bruttobetrag mit $\frac{19}{119}$ multipliziert werden:

$$238 \ \text{€} \times \frac{19}{119} = 38 \ \text{€}$$

Zur Berechnung des Nettobetrags wird der Bruttobetrag durch 1,19 dividiert:

$$238 \ \text{€} \div 1,19 = 200 \ \text{€}$$

Beim Bruttobetrag handelt es sich um 119 %, somit darf das Herausrechnen der Steuer nicht mehr **von** Hundert, sondern muss **auf** Hundert geschehen.

Das Vorsteuerkonto hat folgendes Aussehen:

Soll	Vorsteuer	Haben
1.	152	
2.	38	
3.	57	

Insgesamt hat der Kaufmann 247 € Vorsteuer bezahlt. Sofern der Kaufmann in diesem Monat oder Quartal keine Umsätze hat, schuldet das Finanzamt dem Kaufmann diese Summe.

4.5 Buchungen beim Verkauf

Der Kaufmann veräußert die erhaltene Ware mit einem Gewinnaufschlag und muss eine Rechnung mit gesondertem Umsatzsteuerausweis erstellen. Von seinem Kunden erhält er nicht nur das geforderte Entgelt seiner Ware, sondern auch die Umsatzsteuer (USt). Sowohl der Erlös als auch die Umsatzsteuer werden auf getrennten Konten erfasst. Das Konto wird »Umsatzsteuer« genannt und kann Zusätze wie »19 %« oder »7 %« enthalten.

Der Geschäftsvorfall VERKAUF VON WAREN AUF ZIEL in Höhe von 1.500 € zeigt, wie daraus der Buchungssatz und die entsprechende Buchung auf den Konten abgeleitet wird (siehe Abbildung 4.15).

Nr.	Sollkonto	Betrag	Habenkonto	Betrag
1.	Forderungen aLuL	1.785		
			Erlöse	1.500
			Umsatzsteuer	285

Soll	Forderungen aLuL		Haben
1. Erlöse/USt	1.785		

Soll	Umsatzsteuer		Haben
		1. Ford aLuL	285

Soll	Erlöse		Haben
		1. Ford aLuL	1.500

Abbildung 4.15: Buchen mit Umsatzsteuer

Unter FORDERUNGEN AUS LIEFERUNG UND LEISTUNG (FORD ALUL) steht der gesamte Rechnungsbetrag, wohingegen der Nettowert auf dem Konto »Erlöse« und die Steuer auf dem Konto »Umsatzsteuer« gebucht wird.

4.6 Ermittlung der Zahllast/Vorsteuerüberhang

4.6.1 Zahllast

Am Ende des Zeitraums für die Umsatzsteuervoranmeldung (UStVA) werden die Zahllast, gegebenenfalls auch der Vorsteuerüberhang, ermittelt. Die Zahllast überweist der Kaufmann an das Finanzamt, wohingegen er den Vorsteuerüberhang vom Finanzamt bekommt.

Abbildung 4.16 zeigt die Konten »Umsatzsteuer« und »Vorsteuer«.

Soll	Vorsteuer		Haben
1.	152	Umsatzsteuer	247
2.	38		
3.	57		
	247		247

Soll	Umsatzsteuer		Haben
Vorsteuer	247	1. Ford aLuL	285
Bank (Zahllast)	38		
	285		285

Abbildung 4.16: Abschluss USt- und VoSt-Konto

Es wird das wertmäßig kleinere Konto über das andere abgeschlossen. Das Konto mit dem niedrigeren Betrag ist das Vorsteuerkonto und wird durch den folgenden Buchungssatz abgeschlossen:

Umsatzsteuer	an	Vorsteuer	247

Durch Saldieren des Kontos UMSATZSTEUER wird die Zahllast von 38 € ermittelt, die dem Finanzamt gemeldet und überwiesen werden muss. Beides hat bis zum 10. des Folgemonats zu geschehen. Die Buchung der Banküberweisung sieht folgendermaßen aus:

Umsatzsteuer	an	Bank	38

Das Konto »Umsatzsteuer« ist ausgeglichen:

Soll und Haben sind mit je 285 € durch die Banküberweisung von 38 € ausgeglichen.

4.6.2 Vorsteuerüberhang

Liegt ein Vorsteuerüberhang vor, so wird das wertmäßig kleinere, in diesem Fall das Umsatzsteuerkonto, über das Vorsteuerkonto abgeschlossen. Diesmal wird der Saldo auf dem Vorsteuerkonto ermittelt und nach der Banküberweisung vom Finanzamt ausgeglichen.

4.6.3 Bilanzieren der Umsatzsteuerforderung oder Umsatzsteuerverbindlichkeit

Im Dezember sind die Bestandskonten UMSATZSTEUER bzw. VOR-STEUER über das Schlussbilanzkonto abzuschließen. Die Umsatzsteuer für Dezember muss erst im neuen Jahr, bis zum 10. Januar, angemeldet und bezahlt werden: bei einer Zahllast als Umsatzsteuerverbindlichkeit unter der Bilanzposition SONSTIGE VERBINDLICHKEITEN und beim Vorsteuerüberhang unter SONSTIGE FORDERUNGEN.

4.7 Buchführung mit SAP FI

Ein wesentliches Merkmal von Computerprogrammen für die Finanzbuchhaltung ist, dass nur noch der Buchungssatz eingegeben werden muss. Es ist nicht mehr notwendig, wie in einer manuellen Buchführung zusätzlich den Buchungssatz auf Konten zu erfassen. Dies geschieht automatisch, und auch die Auswertungen »Bilanz« und »GuV« liefert das System.

Zu beachten ist allerdings: Je mehr Automatismus das System liefern soll, umso sorgfältiger muss man Stammdaten anlegen. Zudem werden nicht nur Stammdatensätze für Konten aus dem Hauptbuch, sondern auch für Nebenbücher angelegt (siehe Abbildung 4.17).

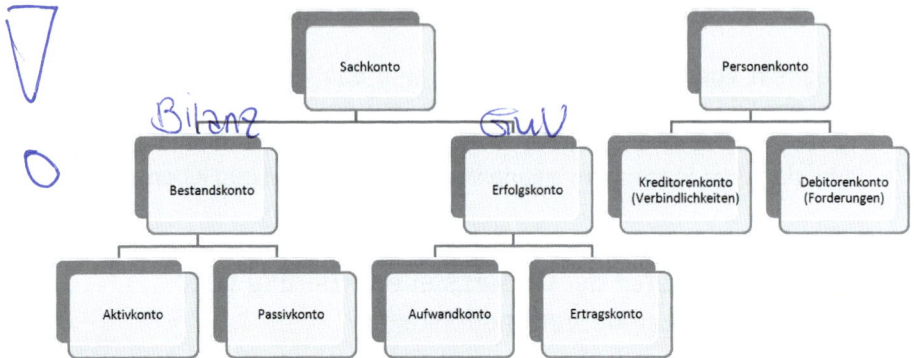

Abbildung 4.17: Übersicht Konten

4.8 Hauptbuch und Nebenbücher

Im Wesentlichen besteht die Buchführung aus den Büchern Grundbuch, Hauptbuch und Nebenbüchern. Dieser Zusammenhang rückt in der elektronischen Buchführung allerdings immer mehr in den Hintergrund.

Das wichtigste Buch bei SAP ist das Hauptbuch *(General Ledger)*. Dies ist die Grundlage für Bilanz und GuV. Es ist gewissermaßen eine Zusammenfassung von Grund- und Hauptbuch. In der Buchhaltung unterscheidet man außerdem folgende Nebenbücher:

▶ Kreditoren,

▶ Debitoren,

▶ Anlage,

▶ Kassenbuch,

▶ Wechselbuch,

▶ Scheckbuch.

Im SAP-System werden Nebenbücher direkt im Programm geführt und sind mit dem Hauptbuch verbunden. Der jeweilige Saldo wird automatisch auf das entsprechende Konto im Hauptbuch übertragen.

4.9 Offene-Posten-Buchhaltung

Zusätzlich zu den *Sachkonten* werden noch *Personenkonten* geführt. Die Bezeichnung »Personenkonto« wird deswegen gewählt, weil für jeden Kunden bzw. Lieferanten ein eigenes Konto (Stammdatensatz) angelegt wird. Jeder Geschäftsvorfall, der einen Kunden betrifft, wird auf dem für ihn speziell angelegten Konto erfasst.

Durch einen Mechanismus wird sichergestellt, dass im Hauptbuch immer der Saldo aller Forderungen gegenüber den Kunden aufgeführt wird (siehe Abbildung 4.18). Diese Vorgehensweise wird auch als *Offene-Posten-Buchhaltung* bezeichnet.

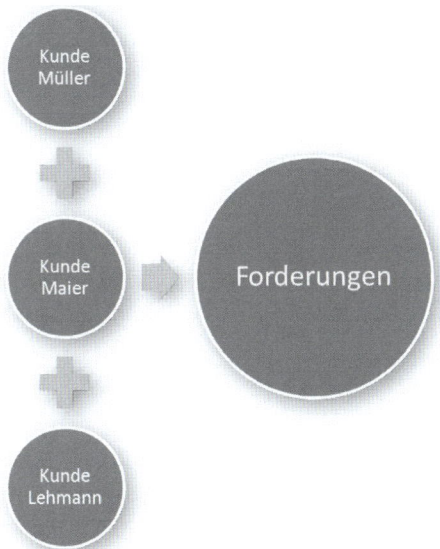

Abbildung 4.18: Kunden-Nebenbuch und Gesamtforderung im Hauptbuch

4.10 Anlagenbuchhaltung

In der Anlagenbuchführung wird pro Wirtschaftsgut ein Stammdatensatz angelegt. Dies bedeutet, dass im Hauptbuch ein Konto »Pkw«

geführt wird und pro Fahrzeug ein eigener Stammdatensatz vorhanden ist.

In den meisten IT-Programmen ist es unüblich, die Anlagenbuchhaltung direkt mit der übrigen Buchhaltung zu verbinden. SAP ist schon sehr früh den Weg gegangen, das Nebenbuch der Anlagen mit dem Hauptbuch automatisch zu verbinden und beide nicht manuell nebeneinander zu führen. Der Vorteil liegt auf der Hand, denn Übertragungsfehler werden somit vermieden.

Die folgenden Abschnitte zeigen, wie SAP FI das Hauptbuch mit den Nebenbüchern verbunden hat.

5 Hauptbuchhaltung

Alle Geschäftsvorfälle eines Unternehmens finden in der Hauptbuchhaltung ihren Niederschlag, zu deren wesentlichen Aufgaben das Führen von Konten und das Erstellen einer Bilanz sowie einer Gewinn- und Verlustrechnung gehören. Auch wenn ein Vorgang zuerst in einer Nebenbuchhaltung erfasst wird, wird der Saldo auf ein Konto in der Hauptbuchhaltung übernommen.

Jede IT-gestützte Finanzbuchhaltung hält eine oder mehrere Funktionen bereit, in denen der Nutzer einen Buchungssatz eingeben kann. Bevor dies geschieht, muss sich der Unternehmer Gedanken über die benötigten Konten machen und diese in einer speziellen Anordnung aufführen. In der Praxis haben sich hierfür die Bezeichnungen *Kontenplan* und *Kontenrahmen* eingebürgert.

Aus einem Kontenrahmen (IKR – Industriekontenrahmen, GKR – Gemeinschaftskontenrahmen, oder SKR – Sachkontenrahmen) sucht sich der Unternehmer die Konten heraus, von denen er denkt, sie könnten für sein Unternehmen nützlich sein. Aus einem Kontenrahmen wird somit ein Kontenplan mit allen speziell vom Unternehmen benötigten Konten. Weiterhin müssen Funktionen vorhanden sein, die die Pflege der Konten übernehmen.

5.1 Kontenplan

Das Verzeichnis aller Sachkonten ist der Kontenplan. Dieser enthält eine Vielzahl von Sachkontenstammsätzen, die üblicherweise nach Nummern sortiert sind. SAP stellt eine Fülle von Kontenplänen zur Verfügung, die den unterschiedlichen internationalen Rechnungslegungsvorschriften entsprechen. Daraus kann für jeden Buchungskreis der benötigte Kontenplan ausgesucht und entsprechend modifiziert werden, wie etwa Konten einfügen, ändern usw.

Vorgegeben ist allerdings, dass einem Buchungskreis genau ein Kontenplan zugeordnet sein muss. Erst wenn ein sogenannter *operativer Kontenplan* im Buchungskreis vorhanden ist, können Buchungen vorgenommen werden.

Ein Kontenplan darf aber durchaus mehreren Buchungskreisen zugeordnet werden. Diese Vorgehensweise kann sogar nützlich sein, etwa bei Definition eines Kostenrechnungskreises, der mehrere Buchungskreise zusammenfasst.

Einheitlicher Kontenplan

Ein gemeinsamer einheitlicher Kontenplan kann für einen Konzernverbund von Unternehmen wie VW, Audi und Porsche sehr sinnvoll sein.

5.2 Sachkontenstammdaten

Ein Konzern ist gesetzlich dazu verpflichtet, einen konsolidierten Jahresabschluss zu veröffentlichen. Dieser fasst alle Vermögensgegenstände und Schulden sämtlicher zu einem Konzern gehörender Unternehmen (Buchungskreise) zusammen. Somit ist es von großer Bedeutung, dass einheitliche Konten gewählt werden. Dies gilt in gleichem Maße für alle anderen Auswertungen wie z. B. für die Kostenrechnung.

Voraussetzung dafür, dass z. B. in einer konsolidierten Bilanz alle Vermögensgegenstände des Kontos »Pkw« zusammengefasst werden können, ist, dass in jedem Buchungskreis die gleiche Nummerierung für dieses Konto gewählt wird. Nur wenn dies gewährleistet ist, kann quasi auf Knopfdruck eine konsolidierte Bilanz erstellt werden.

Da ein Konzern möglicherweise auch länderübergreifend tätig ist, muss hinterlegt sein, mit welcher Währung der Buchungskreis arbeitet bzw. welche Regeln für die Umsatzbesteuerung gelten. Da in jedem Land sowohl die Umsatzsteuergesetze als auch die Währung unterschiedlich sein können, führt SAP für die Sachkonten einen *Allgemeinen Datensatz* auf Mandantenebene (Kontenplanebene), der pro Buchungskreis um einen Datensatz erweitert wird (siehe Abbildung 5.1).

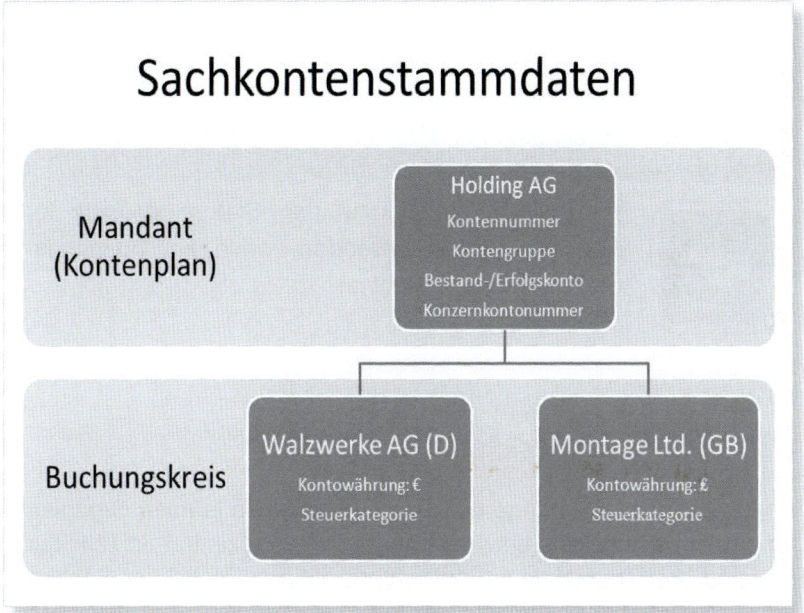

Abbildung 5.1: Sachkontenstammdaten

Das bedeutet: In SAP sind die Sachkontenstammdatensätze zweigeteilt. Jeder Stammdatensatz hat **genau ein** Segment auf Mandantenebene und für jeden Buchungskreis gegebenenfalls ein Segment auf Buchungskreisebene.

Jeden Stammdatensatz gibt es auf Mandantenebene nur einmal. Der Stammdatensatz enthält auf Mandantenebene die wesentlichen Daten (Kontonummer und Kontobezeichnung), die konzernübergreifend Gültigkeit haben. Damit wird es beispielsweise möglich, innerhalb eines Konzerns die Erlöskonten für Pkw und Lkw einheitlich zu definieren. Dagegen muss für jeden Buchungskreis, der diesen Stammdatensatz für Buchungen verwenden möchte, ein eigenes Buchungskreissegment eingefügt werden. Beide Segmente (Kontenplan und Buchungskreis) bilden erst zusammen den Stammdatensatz. Dies entspricht dann einem Konto, und im jeweiligen Buchungskreis kann dieses erst bebucht werden, wenn beide Segmente vorhanden sind.

Der Stammdatensatz »Kontenplansegment zu Buchungskreissegment« stellt eine 1 : n-Relation dar. So kann jeder Buchungskreis im Konzern entscheiden, ob dort Konten wie Erlöse für Pkw und Lkw überhaupt benötigt werden.

Buchungsvoraussetzung

 Ein Buchungskreis kann den Stammdatensatz für Buchungen erst verwenden, wenn ein Buchungskreissegment angelegt ist.

5.2.1 Pflege der Sachkontenstammdaten

SAP ermöglicht die Pflege der Stammdatensätze je nach Organisation des Unternehmens entweder zentral oder dezentral. In Abbildung 5.2 sind drei Transaktionen aufgeführt, die zur Pflege der Sachkontenstammdatensätze benötigt werden.

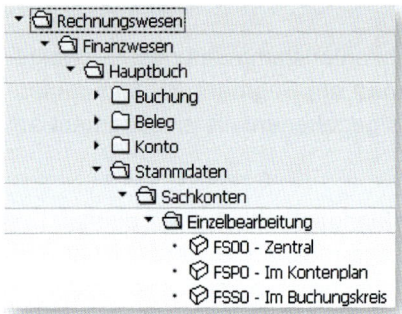

Abbildung 5.2: Pfad Stammdaten

Die Transaktion FS00 ZENTRAL ermöglicht es, alle benötigten Felder sowohl auf Mandanten- als auch auf Buchungskreisebene in einer Transaktion anzulegen.

Die beiden übrigen Transaktionen FSP0 IM KONTENPLAN und FFS0 IM BUCHUNGSKREIS ermöglichen das dezentrale Einrichten eines Sach-kontenstammdatensatz.

Auf sechs Registerkarten (Reitern) hat SAP die Informationen für einen vollständigen Datensatz verteilt. Für die Kontenplandaten und für die Buchungskreisdaten stehen jeweils drei Reiter zur Verfügung.

Kontenplandaten

Bei dezentraler Organisation erfolgt die Pflege der Kontenplandaten in der Transaktion FSP0 – STAMMDATEN • SACHKONTEN • EINZELBEAR-BEITUNG • IM KONTENPLAN.

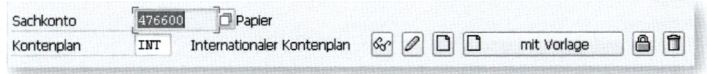

Abbildung 5.3: Kontenpflege

Bevor ein Konto bearbeitet werden kann, müssen die entsprechende Kontennummern eingefügt und der Kontenplan ausgesucht werden. In Abbildung 5.3 ist im Feld SACHKONTO *476600* und im Feld KONTEN-PLAN *INT* eingefügt.

Jetzt stehen dem Anwender mehrere Buttons zur Verfügung, die das Ansehen, die Bearbeitung, die Neuanlage des Kontos oder eine Neuanlage mit Vorlage gestatten. Im Schulsystem sind alle Buttons frei verfügbar. Bei aktiven Systemen ist die Verfügbarkeit von den jeweiligen Rechten des Benutzers abhängig.

Abbildung 5.4 zeigt das erste Bild der Transaktionen FSP0 IM KON-TENPLAN. Die Transaktion S_ALR_87012326 – BERICHTE ZUM HAUPT-BUCH • STAMMDATEN • KONTENPLAN • KONTENPLAN führt alle Konten auf, die im Kontenplan erhalten sind.

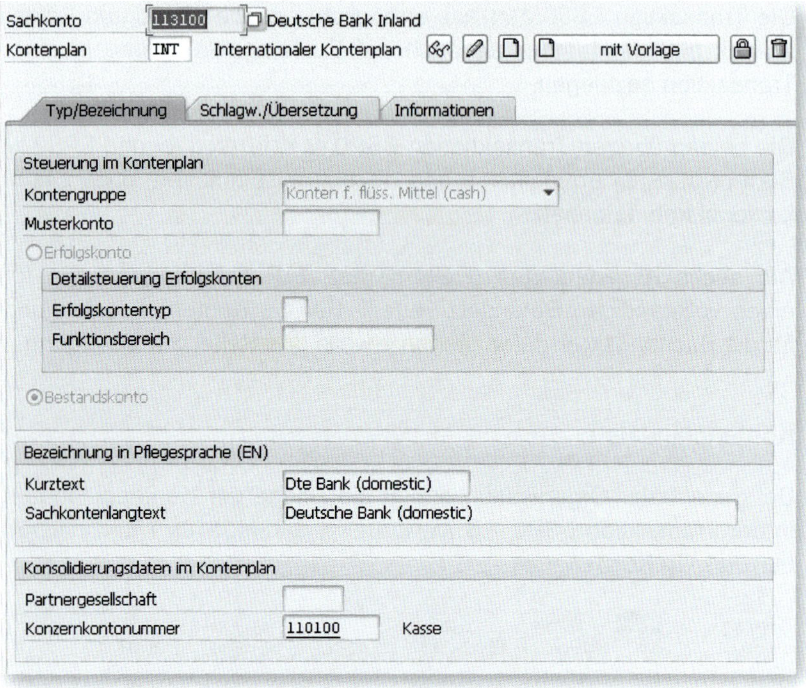

Abbildung 5.4: Stammdatenpflege Kontenplan

► Register Typ/Bezeichnung

KONTENGRUPPE: Jedes Konto wird in eine Kontengruppe eingefügt. Es muss mindestens eine solche vorhanden sein. Sinnvoller ist es, mehrere Kontengruppe anzulegen, die die gleichen Eigenschaften von Konten haben. In einer Kontengruppe können Konten mit den gleichen Stammsatzfeldern und dem gleichen Nummernbereich zusammengefasst werden.

Für alle Konten von Bank und Kasse könnte eine Kontengruppe »Cash« gebildet werden. Ebenso ist es denkbar, eine Kontengruppe für Aufwands- und für Ertragskonten zu bilden. Je nach Bedarf kann tiefer gegliedert werden. Dies kann dann von Vorteil sein, wenn Kontengruppen auch zu Berichtszwecken genutzt werden.

Mit Zuordnung eines Kontos zu einer Kontengruppe wird der Nummernkreis für die Kontobezeichnung angelegt. Es kann zwischen interner oder externe Vorgabe entschieden werden und, ob die Kontenbezeichnung nur numerisch oder alphanumerisch ist.

Ferner steuert die Kontogruppe den Bildaufbau bei der Erfassung von Stammdaten. Durch die Kontengruppe wird bestimmt, welches Feld gebraucht wird oder optional ist und welche Felder nicht angezeigt werden.

MUSTERKONTO: Müssen viele gleichartige Konten angelegt werden, empfiehlt sich die Definition eines Musterkontos.

BESTANDSKONTO/ERFOLGSKONTO: Die Wahl, ob es sich um ein Bestands- oder ein Erfolgskonto handelt, kann nicht mehr zurückgenommen werden. Ein typisches Bestandskonto ist die Handkasse. Der Bestand wird von Jahr zu Jahr vorgetragen. Als typisches Erfolgskonto ist das Konto »Umsatzerlöse Inland« zu nennen. Hier beginnt jedes neue Jahr mit einem Saldo von 0.

KONZERNKONTONUMMER: Mit einheitlicher Vergabe einer Konzernkontennummer kann eine konsolidierte Bilanz aufgestellt werden. In dem Konzernkonto »110100« werden alle Bank- und Kassensalden aus den Einzelabschlüssen zu einer Position »liquide Mittel« zusammengefasst.

▶ Register Schlagw(örter)/Übersetzung

Die Bezeichnung des Kontos in mehreren Sprachen wird je nach Anmeldesprache angezeigt. Schlagwörter können für Schlüsselbegriffe eines internationalen Kontierungshandbuchs hinterlegt werden.

▶ Register Informationen (Kontenplan)

Hier werden Informationen auf Kontenplanebene hinterlegt, wie z. B. dazu, welcher Konzernkontenplan verwendet wird. Ebenso ist hier ersichtlich, wie sich die Stammdaten im Laufe der Zeit verändert haben. Mit dem Button ÄNDERUNGSBELEGE kann eine Änderungsübersicht angezeigt werden.

Buchungskreisdaten

Sobald der Stammdatensatz Kontenplan eingefügt worden ist, kann ein Segment für den Buchungskreis angelegt werden. Dazu steht folgende Transaktion zur Verfügung: FSS0 – STAMMDATEN • SACHKONTEN • EINZELBEARBEITUNG • IM BUCHUNGSKREIS (siehe Abbildung 5.5: Stammdatenpflege Buchungskreis).

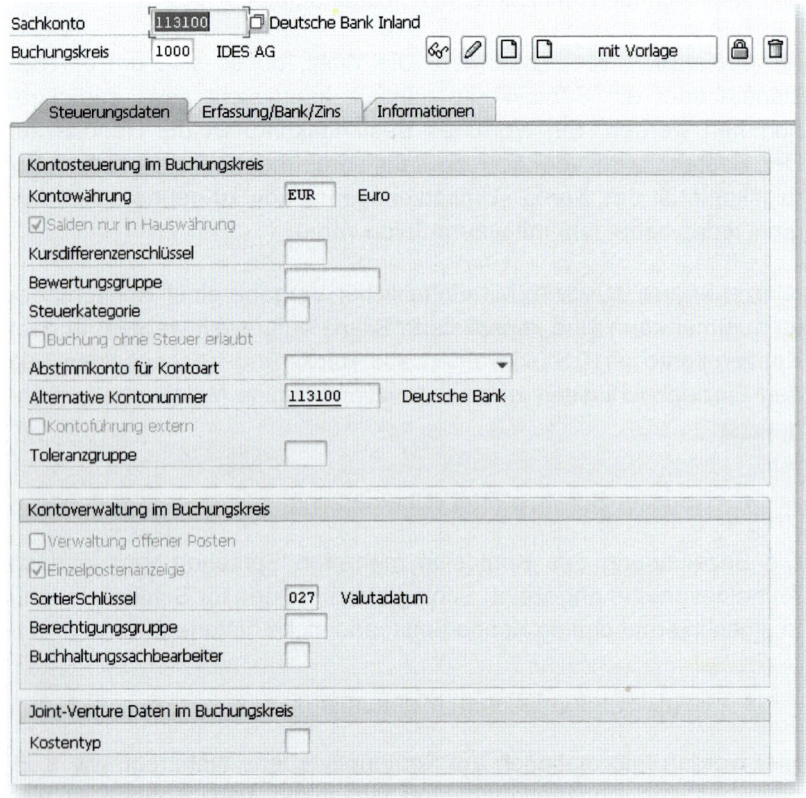

Abbildung 5.5: Stammdatenpflege Buchungskreis

▶ Register Steuerungsdaten

Stimmt die KONTOWÄHRUNG mit der Hauswährung überein, so kann zwar in beliebiger Währung kontiert werden, aber automatisch wird auf die eingestellte Hauswährung umgerechnet. Der Betrag in der Fremdwährung wird immer mitgespeichert. Weicht die Konto- von der Hauswährung ab, so ist diese ausschließlich zu kontieren. Beispielsweise gibt es Bankkonten, die als Fremdwährungskonten geführt werden. Dem Buchungskreis ist die Hauswährung EUR zugeordnet, das Fremdwährungskonto bei der Bank wird ausschließlich in USD geführt. Mit der Kontenwährung USD sind somit ausschließlich Buchungen in dieser Währung möglich. Der Haken im Feld SALDEN NUR IN HAUSWÄHRUNG garantiert, dass die Salden nur in der Hauswährung angezeigt werden.

Das Feld STEUERKATEGORIE kann dazu benutzt werden, dem System mitzuteilen, ob es sich um ein Vorsteuer- oder Umsatzsteuerkonto handelt. Damit die Steuerberechnung automatisch funktioniert, darf diese Information nicht fehlen. Darüber hinaus gewährleistet sie, dass auf gar keinen Fall Umsatzsteuer- und Vorsteuerbeträge miteinander vermischt werden. Es dürfen auf das jeweilige Konto nur Beträge mit Vorsteuer oder mit Umsatzsteuer gebucht werden. Beispielsweise werden Erlöskonten in der Regel ausschließlich mit Ausgangssteuer gebucht. Für Aufwandskonten gilt der umgekehrte Fall mit Vorsteuer. Diese festgelegte Logik hilft Ihnen, Fehlbuchungen zu vermeiden. Wird das Häkchen bei BUCHUNG OHNE STEUER ERLAUBT gesetzt, ist es möglich, auch Nettobeträge zu buchen. Dies kann sinnvoll sein, wenn eine Rechnung gebucht wird, die mehrere Positionen enthält und diese Positionen netto erfasst werden.

Für jede Nebenbuchhaltung (Debitoren, Kreditoren, Anlagen) muss mindestens ein ABSTIMMKONTO vorhanden sein, welches den Saldo aus der Nebenbuchhaltung übernimmt. Mit diesem Feld wird das Konto im Hauptbuch bestimmt, dass aus der Nebenbuchhaltung den Saldo übernimmt. Das Konto darf nicht manuell, also ohne Kontierung aus dem Nebenbuch, bebucht werden. Es sind nur automatische Buchungen im Kontext der Kreditoren-, Debitoren- oder Anlagenbuchhaltung erlaubt.

Durch Setzen des Hakens bei VERWALTUNG OFFENER POSTEN wird das Ausziffern der Buchungen ermöglicht. *Ausziffern* bedeutet, dass ein Betrag auf der Sollseite einem Betrag in gleicher Höhe auf der Habenseite zugeordnet wird oder umgekehrt. Nehmen Sie beispielsweise ein Bestandskonto für Rückstellungsbuchungen: Im Laufe eines Geschäftsjahres werden Rückstellungen gebildet, umgebucht und auch wieder aufgelöst. Um diesen Vorgang auf dem Konto transparent nachvollziehen zu können, eignet sich eine Verwaltung mittels *offener Posten*. Damit werden die Zusammenhänge deutlich.

Die EINZELPOSTENANZEIGE ist zwingend erforderlich, wenn die Verwaltung offener Posten eingestellt ist. Einzelpostenanzeige bedeutet, dass alle Buchungen ersichtlich und nicht für einen Zeitraum zusammengefasst sind. Bei einem Abstimmkonto ist es nicht erforderlich, dass im Hauptbuch noch mal alle Buchungen des Nebenbuchs angezeigt werden. Hier ist eine Zusammenfassung aller Buchungen für einen Monat, ein Quartal oder gar ein Jahr ausreichend.

Die Sortierfolge bei Einzelpostenanzeige kann durch Angabe eines SORTIERSCHLÜSSELS bestimmt werden. Standardmäßig wird das Feld ZUORDNUNG IM BELEG als Grundlage genommen.

Im Feld ALTERNATIVE KONTONUMMER kann eine zusätzliche Kontonummer eingegeben werden, die die Aufstellung einer Bilanz nach anderen Kontenzuordnungen ermöglicht. Dies kann bei Ländern wie Frankreich oder Spanien erforderlich sein. Dort hat nämlich der lokale Gesetzgeber die Nummerierung des Kontenplans definiert.

▶ Register Erfassung/Bank/Zins

Die FELDSTATUSGRUPPE steuert den Bildschirmaufbau. An dieser Stelle legen Sie fest, ob bei der Belegerfassung ein Feld als Pflichteingabe gekennzeichnet wird. Beispielsweise ist die Textinformation bei Rückstellungsbuchungen als sinnvolles Pflichtfeld auszuwählen. Das schützt Sie allerdings nicht davor, dass der Belegerfasser an dieser

Stelle aus Bequemlichkeit lediglich ein Zeichen als Platzhalter eingibt, um dieser Pflichtinformation zu genügen. Entsprechende Buchungsanweisungen und auch Kontrollen sollten an dieser Stelle nicht unterschätzt werden.

Im Feld ZINSKENNZEICHEN wird ein Wert hinterlegt, der bei automatischer Verzinsung vom System benutzt werden soll. Das Feld VERZINSUNGSRHYTHMUS bestimmt das Intervall, in welchem das Konto verzinst werden soll. Sobald ein Zinslauf durchgeführt wurde, hinterlegt SAP das entsprechende Datum in den Feldern STICHTAG/DATUM LETZTE VERZINSUNG.

▶ Register Informationen (BuK)

Die Registerkarte INFORMATIONEN AUF BUCHUNGSKREISEBENE fasst alle bedeutenden Informationen für die Buchführung, inklusive angeschlossener Objekte, zusammen. Aus den Informationen kann gefolgert werden, dass das Konto »Bank 113100« dem internationalen Kontenplan INT und dem Gemeinschaftskontenrahmen (GKR) angehört. Darüber hinaus ist ersichtlich, zu welchem Kostenrechnungskreis das Konto gehört.

Einen Überblick der vorhandenen Konten im Buchungskreis gibt die Transaktion S_ALR_87012328 – STAMMDATEN • SACHKONTENVERZEICHNIS • SACHKONTENVERZEICHNIS.

5.2.2 Anlegen eines Erfolgskontos

Mit der Neuanlage eines Kontos *Papier* wird demonstriert, wie die Zusammenhänge bei der Anlage eines Stammdatensatzes im SAP-System funktionieren. Die Transaktion FS00 ZENTRAL ist in der Lage, das neue Konto sowohl im Kontenplan- als auch im Buchungssegment anzulegen. Als Vorlagenkonto wird *476000* (Büromaterial) genommen (siehe Abbildung 5.6).

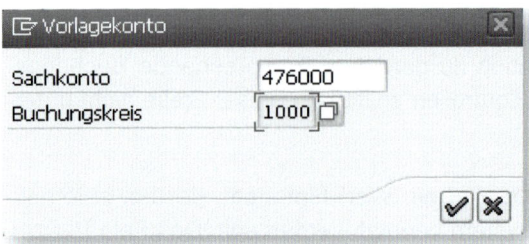

Abbildung 5.6: Vorlagenkonto

Unter dem Reiter STEUERUNGSDATEN muss im Feld ALTERNATIVE KON-TONUMMER der Eintrag entfernt werden. SAP wirft sonst einen Fehler dazu aus. Die enthaltene Kontennummer wird bereits verwendet und darf nicht doppelt hinterlegt werden. Danach folgt eine Änderung des Kontotextes in deutscher Sprache im Reiter SCHLAGWORT/ÜBER-SETZUNG.

Durch Bearbeiten der Kostenart wird die Verbindung zur Kostenrech-nung hinterlegt. Üblicherweise ist die Bezeichnung/Kontonummer in der Kostenrechnung die gleiche wie in der Finanzbuchhaltung. Die Aufwendung »476600 Papier« trägt in der Kostenrechnung dieselbe Nummer. So sind die Aufwendungen in der Kostenrechnung leichter einem konkreten Vorgang zuzuordnen. Das Datum kann nachträglich nicht mehr geändert werden. Sollen noch Buchungen in der Vergan-genheit erfolgen, muss der Zeitraum entsprechend eingestellt sein (siehe Abbildung 5.7).

Unter STAMMDATEN (hier: GRUNDDATEN) können Sie die Eingabe der Kostenart vervollständigen (siehe Abbildung 5.7). Das Feld KOSTEN-ARTENTYP ist ein Pflichtfeld – der Typ kann mittels F4-Hilfe aus einer Liste von Optionen gewählt werden. In diesem Fall handelt es sich um eine *Primärkostenart*.

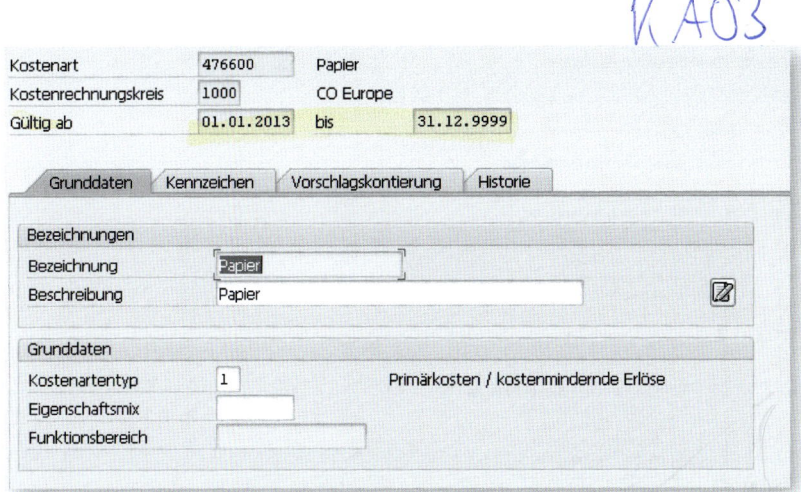

Abbildung 5.7: Kostenart

Nun muss das neue Konto in die Bilanz/GuV-Struktur eingefügt werden. Erst erfolgt die Auswahl der Bilanz/GuV-Struktur INT (siehe Abbildung 5.8).

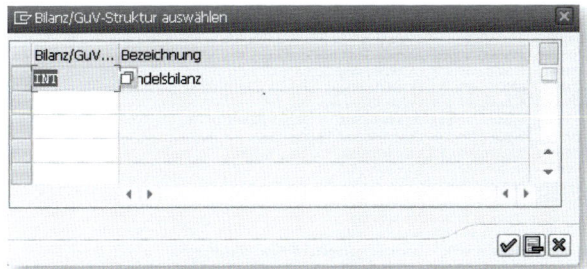

Abbildung 5.8: Bilanz/GuV-Struktur auswählen

Anschließend wird die entsprechende Bilanzposition gesucht, unter
der das Konto eingefügt werden soll. In diesem Fall ist es die GuV-
Position SONSTIGE BETRIEBLICHE AUFWENDUNGEN. Der Cursor muss
dazu auf der Bilanz/GuV-Position stehen (siehe Abbildung 5.9).

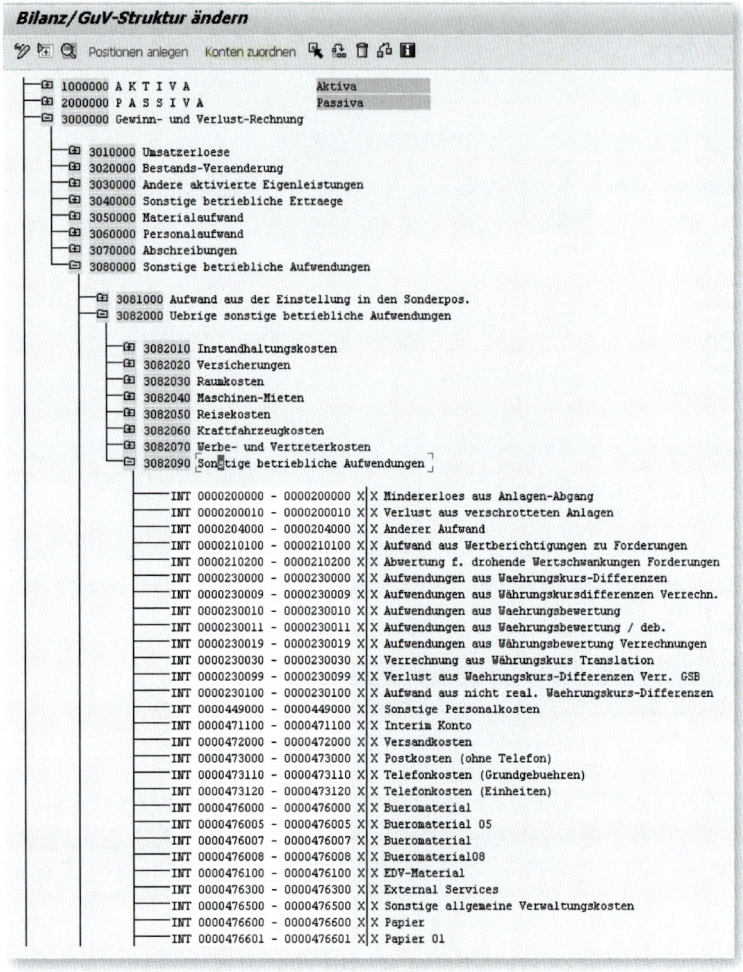

Abbildung 5.9: Bilanz/GuV-Struktur ändern

Über den Button KONTEN ZUORDNEN öffnen Sie einen Dialog, in dem das neue Konto eingefügt werden kann (siehe Abbildung 5.10).

KtPl	Von Kto.	Bis Kto.	S	H
INT	476608	476608	✓	✓
INT	476609	476609	✓	✓
INT	476900	476900	✓	✓
INT	479000	479000	✓	✓
INT	479100	479100	✓	✓
INT	4760009	4760009	✓	✓
INT	11209500	11209500	✓	✓
INT	11209600	11209600	✓	✓
INT	11230000	11230000	✓	✓
	476600	476600	✓	✓

Abbildung 5.10: Konten ändern

An dieser Stelle können Sie mittels einer Kennzeichnung bei »S« und »H« entscheiden, ob dieses Konto in der Bilanz jeweils bei einem Soll- und Habensaldo an dieser Gruppierungsstelle ausgegeben werden soll. Das im Beispiel ausgewählte Erfolgskonto wird immer an dieser einen Position dargestellt. Anders ist es bei z. B. Bankkonten. Hier ist bei einem Sollsaldo ein Ausweis auf der Aktivseite, bei einem Habensaldo auf der Passivseite der Bilanz notwendig.

Jetzt ist der Stammsatz des Erfolgskontos »Papier« vollständig vorhanden und kann für Buchungen verwendet werden. Wird anschließend eine Bilanz erstellt, so erfolgt der Ausweis in der korrekten Berichtszeile.

5.3 Buchen

SAP stellt zwei Arten zur Erfassung von Belegen zur Verfügung: die Einbild- und die Mehrbildtransaktion.

5.3.1 Einbildtransaktion (SAP-Enjoy-Transaktion)

Zum Erfassen einfacher Sachkontenbelege ist die Transaktion FB50 – FINANZWESEN • HAUPTBUCH • BUCHUNG • SACHKONTENBELEG ERFASSEN vorgesehen. Es öffnet sich ein Dialog, in dem der Buchungskreis *1000* einzugeben ist (siehe Abbildung 5.11). Mit diesem Dialog kann auch während einer Buchungssitzung der Buchungskreis geändert werden.

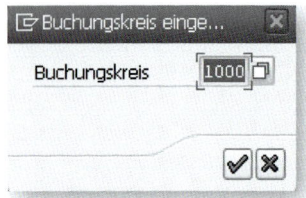

Abbildung 5.11: Buchungskreis eingeben

Das Erfassungsbild ist in die folgenden Bereiche unterteilt:

▶ Arbeitsvorlagen,

▶ Grunddaten,

▶ Detail,

▶ Positionsdaten,

▶ Betragsinformation.

Die ARBEITSVORLAGEN können vorgefertigte Buchungssätze enthalten und somit eine Arbeitserleichterung sein. Im Menü können die Arbeitsvorlagen an- und ausgeschaltet werden.

GRUNDDATEN, wie z. B. Buchungsdatum, Belegdatum oder Währung sind eindeutig einem Geschäftsvorfall zugeordnet. Ebenso ist es möglich, hier einen erläuternden Text zum Geschäftsvorfall zu hinterlegen. Über die Bearbeitungsoptionen kann festgelegt werden, dass bestimmte Grunddaten nur angezeigt, nicht aber geändert werden können, oder dass sie gar verborgen bleiben.

Setzen Sie im Bereich DETAIL einen Haken, so wird die automatische Berechnung der Umsatzsteuer aktiviert. Zusätzlich können ein Umrechnungskurs und das dazugehörige Datum angegeben werden, wenn der Geschäftsvorfall in einer anderen als der Hauswährung erfasst wird.

Im Bereich POSITIONEN werden die jeweiligen Soll- und Habenbuchungen des Geschäftsvorfalls erfasst. Es müssen mindestens zwei Positionen aufgezeichnet werden: eine im Soll und eine im Haben. Für zusammengesetzte Buchungssätze stehen 999 Positionen zur Verfügung.

Die BETRAGSINFORMATIONEN zeigen die Summen aller Buchungen jeweils im Soll und Haben an. Erst wenn beide Seiten ausgeglichen sind, darf der Buchungssatz gespeichert werden. Dies zeigt SAP durch eine grüne Ampel an. Rot bedeutet »Beträge ungleich« und Gelb bedeutet, dass der Saldo ungeprüft ist. Alle fünf Bereiche werden in Abbildung 5.12 dargestellt.

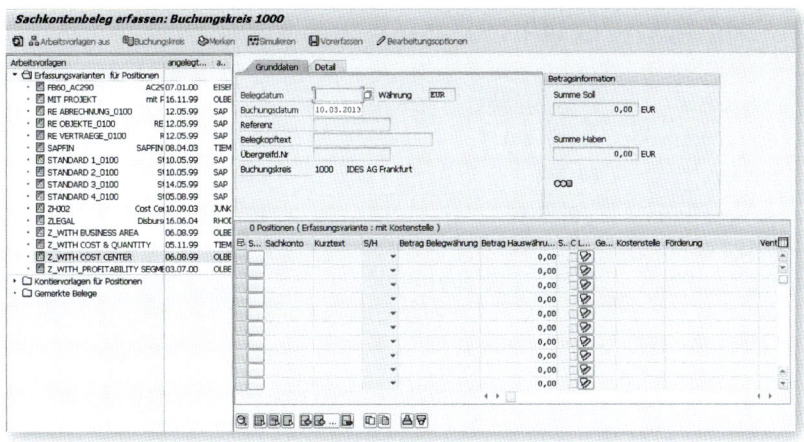

Abbildung 5.12: Sachkontenbeleg erfassen

Erfassen eines Geschäftsvorfalls

 Das nachfolgende Beispiel verdeutlicht die Vorgehensweise – und zwar anhand des Geschäftsvorfalls »Einkauf von Papier per Banküberweisung von 1.785 €«.

Zum Geschäftsvorfall liegt eine Rechnung vor, die jetzt gebucht wird. Zuerst werden die Grunddaten eingetragen (siehe Abbildung 5.13): BELEGDATUM und BUCHUNGSDATUM sind Mussfelder, wobei das Buchungsdatum automatisch auf das aktuelle Datum gesetzt wird. Hier soll festgehalten werden, wann die Buchung erfolgte.

Das Belegdatum entspricht dem Rechnungsdatum. Beide Angaben können aber auch voneinander abweichen, wenn die Rechnung ein Datum aus einer vorherigen Periode enthält. Das zusätzliche Erfassen des Buchungsdatums wird erforderlich, um die Zuordnung zur aktuellen Umsatzsteuervoranmeldung zu gewährleisten.

Die REFERENZ kann dazu genutzt werden, die externe Belegnummer einzugeben. Im Feld BELEGKOPFTEXT wird *Kauf Papier* als erklärender Text zum Geschäftsvorfall aufgezeichnet.

Grunddaten	Detail		
Belegdatum	11.03.2013 ▢	Währung	EUR
Buchungsdatum	11.03.2013		
Referenz	ER 501		
Belegkopftext	Kauf Papier		
Übergreifd.Nr			
Buchungskreis	1000 IDES AG Frankfurt		

Abbildung 5.13: Grunddaten

Auf der Seite DETAIL muss noch bei STEUER RECHNEN der Haken gesetzt werden (siehe Abbildung 5.14).

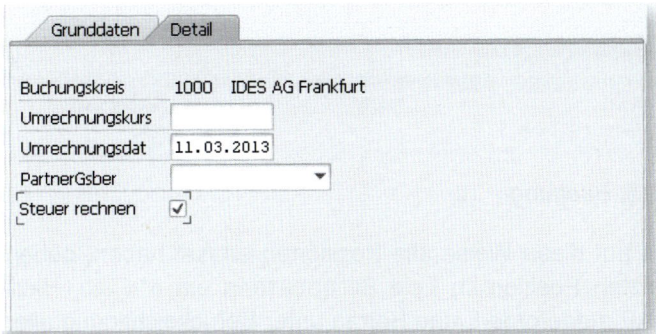

Abbildung 5.14: Detail

Im Bereich POSITIONEN wird der Buchungssatz aufgenommen. Hier können sowohl ein einfacher als auch ein zusammengesetzter Buchungssatz, bestehend aus drei oder mehr Konten, erfasst werden. Pro Konto wird eine Zeile geschrieben (siehe Abbildung 5.15).

Im Gegensatz zur manuellen Buchführung dürfen in der IT-gestützten Buchführung Soll- und Habenbuchungen gemischt werden. Es ist sogar möglich, mit einer Habenbuchung zu beginnen: Sie geben zunächst die KONTENNUMMER ein. Gegebenenfalls können Sie mittels *F4*-Taste auch nach dem Konto suchen. Sobald Sie das Feld verlassen, sucht SAP automatisch die Bezeichnung des Kontos. Im nächsten Feld wird der RECHNUNGSBETRAG, üblicherweise ein Bruttobetrag, erfasst. Sollte der Wert nicht in der Hauswährung sein, zeigt das nächste Feld den Betrag in Hauswährung an.

Neben den üblichen Informationen, die einen Buchungssatz beschreiben, lässt SAP noch Raum für eine Fülle anderer Informationen.

Die Eingabe der KOSTENSTELLE ist eine dieser zusätzlichen Angaben. Sobald der Sachkontenstammdatensatz um Informationen zur Kostenrechnung erweitert wurde, muss im Buchungssatz bei allen Erfolgskonten die Kostenstelle mitgesammelt werden. SAP stellt weitere

Felder für andere Bereiche aus der Kostenrechnung zur Verfügung, wie z. B. AUFTRAG. Ebenso können auch Eingaben zu Profitcenter, Segment oder Geschäftsbereichen aufgenommen werden.

S...	Sachkonto	Kurztext	S/H	Betrag Belegwährung	Betrag Hauswähru...	S..	C	L...	Ge...	Kostenstelle
✓	476600	Papier	Soll ▼	1.785,00	1.785,00	VN			9900	1000
✓	113100	Deutsche B..	Haben ▼	*	0,00					

2 Positionen (Erfassungsvariante : mit Kostenstelle)

Abbildung 5.15: Buchung

Nachdem Sie auf diese Weise alle Positionen erfasst haben, geben Sie in der letzten Position im Feld BELEGBETRAG ein »*« ein. Hierdurch wird SAP aufgefordert, den Betrag unter Berücksichtigung aller übrigen Buchungen selber zu errechnen. Somit kann sichergestellt sein, dass eine ausgeglichene Buchung erfolgt: Im Soll und im Haben steht jeweils der gleiche Betrag.

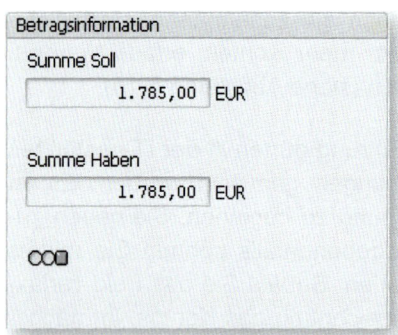

Abbildung 5.16: Betragsinformation

Sobald bei BETRAGSINFORMATION (siehe Abbildung 5.16) die Ampel auf Grün steht und die Beträge in SUMMEN SOLL und SUMMEN HABEN gleich sind, ist der Buchungssatz zumindest formal korrekt.

Bevor der Buchungssatz endgültig vom System gespeichert wird, kann es erforderlich sein, den Buchungssatz zu überprüfen. Hierzu drücken Sie ▦Simulieren, und SAP zeigt den Buchungssatz (siehe Abbildung 5.17).

(Beleg vorher
anzeigen)

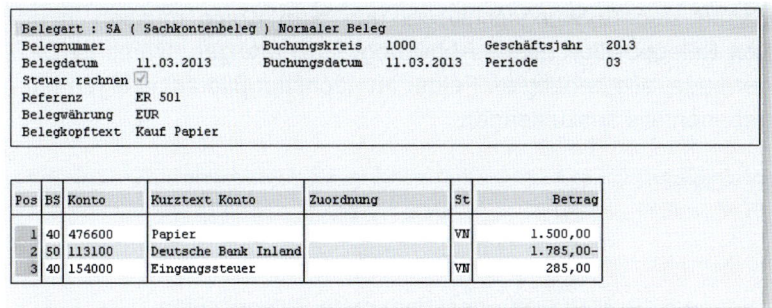

```
Belegart : SA ( Sachkontenbeleg ) Normaler Beleg
Belegnummer              Buchungskreis  1000        Geschäftsjahr  2013
Belegdatum    11.03.2013  Buchungsdatum  11.03.2013  Periode        03
Steuer rechnen ☑
Referenz      ER 501
Belegwährung  EUR
Belegkopftext Kauf Papier
```

Pos	BS	Konto	Kurztext Konto	Zuordnung	St	Betrag
1	40	476600	Papier		VN	1.500,00
2	50	113100	Deutsche Bank Inland			1.785,00-
3	40	154000	Eingangssteuer		VN	285,00

Abbildung 5.17: Simulieren des Buchungssatzes

Sofern der Buchungssatz inhaltlich korrekt ist, kann er direkt gebucht werden (Icon 🖫).

5.3.2 Mehrbildtransaktion (allgemeine Buchung, komplexe Buchung)

Ursprünglich, das heißt, bereits in den 80er-Jahren, hatte SAP zum Buchen nur die Mehrbildtransaktion vorgesehen. Mit dieser Technik war es möglich, einen zusammengesetzten Buchungssatz selbst auf einem Monitor einzugeben, dessen Bildschirmanzeige begrenzt war. Der Pfad lautet ALLGEMEINE BUCHUNG – F-02: FINANZWESEN • HAUPT-BUCH • BUCHUNG • ALLGEMEINE BUCHUNG.

Im Wesentlichen besteht der Unterschied darin, dass dem System vor Eingabe des Buchungssatzes mitgeteilt wird, welche Art von Buchung vorgenommen werden soll. Der Belegkopf (siehe Abbildung 5.18) enthält die gleichen Angaben wie bei der Einbildtransaktion.

Belegdatum	11.03.2013	Belegart	SA	Buchungskreis	1000	
Buchungsdatum	11.03.2013	Periode	3	Währung/Kurs	EUR	
Belegnummer				Umrechnungsdat		
Referenz				Übergreifd.Nr		
Belegkopftext						
PartnerGsber						

Abbildung 5.18: Kopfdaten Mehrbildtransaktion

Angaben zum Buchungsschlüssel und dem Konto müssen in der ersten Belegposition (siehe Abbildung 5.19) erfolgen. Damit ist SAP in der Lage, alle benötigten Felder im nächsten Bild anzuzeigen oder gegebenenfalls auszublenden.

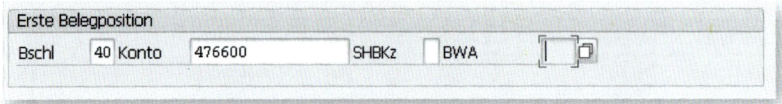

Abbildung 5.19: Mehrbildtransaktion, erste Belegposition

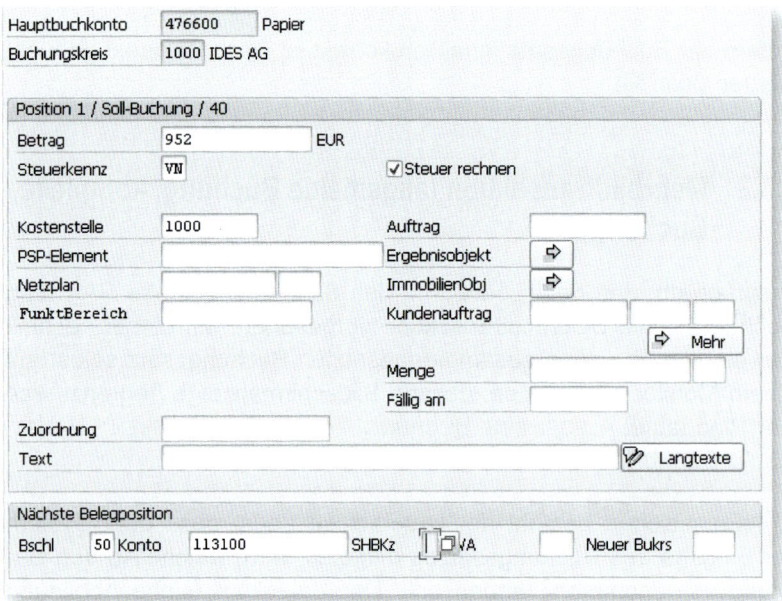

Abbildung 5.20: Mehrbildtransaktion, Sollbuchung

Der Buchungsschlüssel liefert dem System die Information, um welche Kontoart (Sachkonto, Debitor, Kreditor, Anlagen, Material) es sich bei dem Konto handelt und wie das Erfassungsbild für die Position (das nächste Bild) aussehen soll. Der Aufbau wird hauptsächlich von der Feldstatusgruppe des Sachkontos bestimmt. Die Feldstatusgruppe ist bereits aus dem Buchungskreissegment der Sachkontenstammsätze bekannt. (siehe Abschnitt 5.2.1, Buchungskreisdaten,

Register Erfassung/Bank/Zins). Mit der *Return*-Taste wechselt das SAP-System zur nächsten Seite.

Mittels STEUERKENNZEICHEN wird im Hintergrund das Steuerkonto automatisch herangezogen und mit dem hinterlegten Prozentsatz gebucht. Beim Erlöskonto kommt an dieser Stelle die Prüfung auf ein Aufwandskonto für Vorsteuer zum Tragen.

Nun werden die gleichen Daten eingegeben, die einer Position des Buchungssatzes entsprechen. NÄCHSTE BELEGPOSITION bereitet wieder auf die folgende Buchungsposition vor (siehe Abbildung 5.20). Erneut wird mit *Return* das nächste Bild aufgerufen.

| Hauptbuchkonto | 113100 | Deutsche Bank Inland |
| Buchungskreis | 1000 IDES AG | |

Position 2 / Haben-Buchung / 50

| Betrag | * | EUR |

GeschBereich		PartnerGsber	
Profitcenter			
PSP-Element			

⇨ Mehr

Valutadatum	11.03.2013
Zuordnung	
Text	🖉 Langtexte

Nächste Belegposition

| Bschl | | Konto | | SHBKz | BWA | | Neuer Bukrs | |

Abbildung 5.21: Mehrbildtransaktion Habenbuchung

Wenn außer der Kontonummer nichts weiter einzugeben ist, können Sie im Feld BETRAG ein »*« eingeben, um SAP wiederum zu signalisieren, den Betrag selber auszurechnen. Das Sternchen darf nur in der letzten Zeile benutzt werden (siehe Abbildung 5.21). Auch hier wird mit BUCHUNG SPEICHERN der Buchungssatz erfasst.

5.4 Belege

Jeder Vorgang in SAP wird durch mindestens einen elektronischen Beleg dokumentiert. Mit der Transaktion FB03 – RECHNUNGSWESEN • FINANZWESEN • HAUPTBUCH • BELEG • ANZEIGEN erfolgt der Zugriff auf alle Belege (siehe Abbildung 5.22).

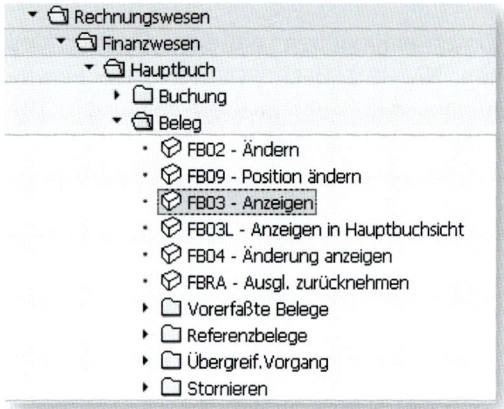

Abbildung 5.22: Beleg Anzeigen

Der letzte Beleg ist als Vorschlagswert automatisch ausgewählt (siehe Abbildung 5.23).

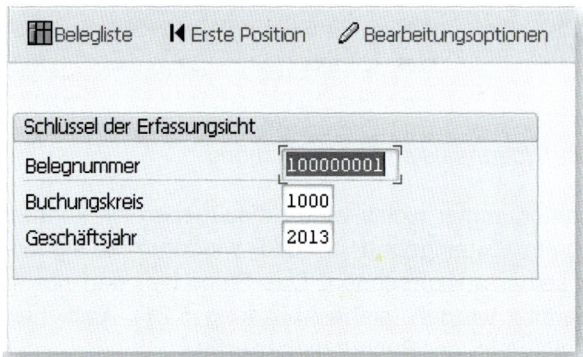

Abbildung 5.23: Beleg Auswahl

Jeder Beleg hat eine eindeutige Nummer, die auch nach dem Buchen dem Sachbearbeiter in einem Dialog oder in der Statuszeile angezeigt wird. Die Nummernvergabe geschieht im Regelfall im Hintergrund und ist bedingt durch eine Verknüpfung zur Belegart. Beispielsweise beginnt im Fall dieser Sachkontenbuchung kombiniert mit der Belegart SA die Nummernvergabe bei 10000000 und zählt bis 19999999 hoch. Damit sind eine lückenlose Belegnummernvergabe und chronologische Dokumentation in Ihrem SAP-System und dem dazu korrespondierenden physischen Leitzordner gewährleistet. Die Kombination aus den Werten BUCHUNGSKREIS, BELEGNUMMER und GESCHÄFTSJAHR bildet den technischen Primärschlüssel des Buchungsbelegs. Zusätzlich zur Belegnummer wird der Beleg durch den Buchungskreis und das Geschäftsjahr eindeutig identifiziert. Mit Betätigung der *Return*-Taste wird der Beleg angezeigt.

Eine Vielzahl von Icons 🖍 🗃 🔍 🖨 verzweigt zu weiteren Informationen. Der HUT verweist auf den Belegkopf (siehe Abbildung 5.24). Dort ist hinterlegt, welcher SAP-Benutzer den Beleg wann im System gebucht hat. Die LUPE zeigt eine Belegposition an, und mit dem Icon STIFT UND BRILLE kann zwischen Ansehen und Bearbeiten gewechselt werden.

Grundsätzlich darf ein einmal erfasster Buchungssatz nicht mehr gelöscht werden. Die Grundsätze der ordnungsgemäßen Buchführung (GoB) untersagen es, eine einmal erfasste Buchung nachträglich zu verändern. Allerdings existieren gewisse Felder (Belegkopftexte), die auch nachträglich geändert werden dürfen. Das System steuert dies, sodass ein versehentliches Überschreiben festgeschriebener Felder nicht möglich ist.

Für jeden Geschäftsvorfall wird mindestens ein Beleg im SAP-System hinterlegt. Sofern sich der Geschäftsvorfall auf die Lieferung von Waren bezieht, kommt zusätzlich zum Beleg für die Finanzbuchhaltung noch ein Beleg für die Bestandsführung hinzu. Jeder Beleg ist durch zwei Bereiche gekennzeichnet:

1. Belegkopf,

2. Belegposition.

5.4.1 Belegkopf

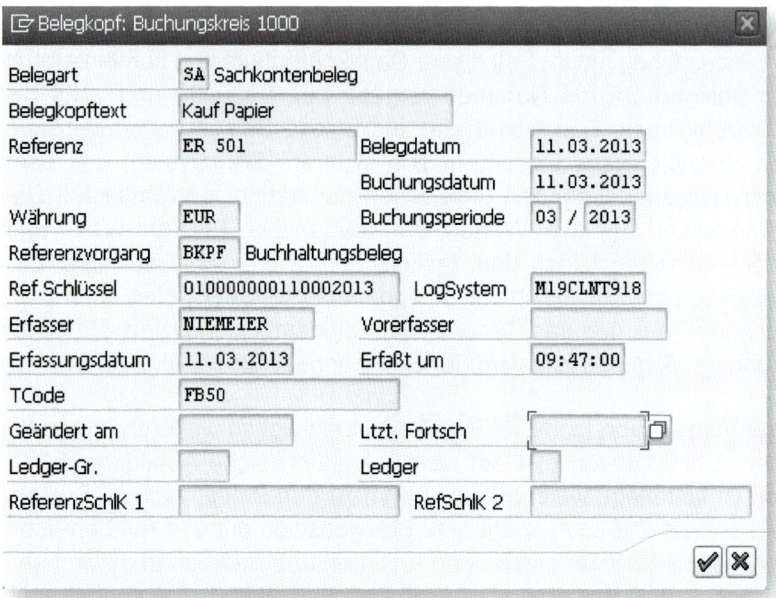

Abbildung 5.24: Belegkopf

Der Belegkopf enthält Informationen, die sich auf den gesamten Beleg beziehen. Einige der hier gespeicherten Felder wirken sich direkt auf die Belegpositionen aus. Hier sind die BELEGART, die WÄHRUNG oder der UMRECHNUNGSKURS zu nennen. In Abbildung 5.24 ist der Belegkopf für den vorherigen Geschäftsvorfall »Kauf Papier« abgebildet.

Einige charakteristische Felder des Belegkopfes möchte ich im Folgenden näher erläutern:

▶ Die BELEGART gruppiert den Geschäftsvorfall.

▶ Durch den BELEGKOPFTEXT können eindeutige Informationen hinterlegt werden, die später zur Identifizierung des Geschäftsvorfalls notwendig sind.

▶ Im Feld REFERENZ kann die externe Belegnummer des Geschäftspartners hinterlegt werden.

▶ Das Rechnungsdatum wird im Feld BELEGDATUM hinterlegt, wohingegen der Zeitpunkt, zu dem der Beleg erfasst worden ist, aus dem Feld BUCHUNGSDATUMS ersichtlich ist. Die Erfassung dieser zwei Daten ist notwendig, wenn ein Beleg mit früherem Rechnungsdatum in einer späteren Periode erfasst werden muss.

▶ Das Feld BUCHUNGSPERIODE zeigt, welchem Zeitraum der Beleg zugeordnet ist. Die Buchungsperioden entsprechen üblicherweise den Kalendermonaten und einem Umsatzsteuervoranmeldungszeitraum.

▶ Das Feld WÄHRUNG enthält die Information, in welcher Währung der Beleg gebucht wird.

▶ Mit den Feldern ERFASSER, ERFASSUNGSDATUM und ERFAßT UM kann technisch eindeutig identifiziert werden, wer den Beleg erfasst hat und wann dies zur jeweils lokalen Uhrzeit erfolgte.

5.4.2 Belegposition

Jeder Belegposition ist genau ein Buchungsschlüssel zugeordnet. Der Buchungsschlüssel ist innerhalb der Belegposition ein internes Steuerungsinstrument, das bei komplexen Buchungen verwendet wird. Die Eingabe des Buchungsschlüssels kann als Vorschlagswert durch die Transaktion oder manuell durch den Nutzer erfolgen.

Im Folgenden wird aufgeführt, welche Steuerungsfunktionen der Buchungsschlüssel übernimmt:

▶ Pro Belegposition kann genau **eine** Kontoart angesprochen werden. Es handelt sich hierbei um die gleiche Kontoart, die grundsätzlich durch die Belegart vorgegeben wird.

▶ Soll oder Haben;

▶ Sonderhauptbuchvorgang (z. B. Anzahlung);

▶ Muss-Belegfelder, wie z. B. ein verpflichtend auszufüllendes Textfeld.

In Abbildung 5.25 sind ein paar Buchungsschlüssel aufgeführt, die SAP zur Verfügung stellt. Im Hauptbuch werden nur die Buchungsschlüssel »40« für eine Sollbuchung und »50« für eine Habenbuchung benötigt.

Soll	Buchungsschlüssel		Haben
Sachkontenbuchung	40	Sachkontenbuchung	50
Debitorenrechnung	01	Debitorenzahlung	15
Kreditor Rechnung	31	Kreditor Zahlung	25
Anlagen	70	Anlagen	75

Abbildung 5.25: Buchungsschlüssel

Übungen Hauptbuchhaltung

 Im Anhang finden Sie einige Aufgaben, an denen Sie das Anlegen von Sachkonten und das Buchen auf den neu angelegten Konten üben können.

6 Kreditorenbuchhaltung

Alle Eingangsrechnungen werden in der Kreditorenbuchhaltung bearbeitet. Zu deren Aufgaben zählt das Prüfen und Kontieren der Lieferantenrechnungen. In einer IT-gestützten Buchführung gehört außerdem die Stammdatenpflege dazu. Gegebenenfalls müssen auch Abweichungen zwischen Bestellung, Lieferung und Rechnung korrigiert werden.

Die Kreditorenbuchhaltung ist eine Nebenbuchhaltung. Im Hauptbuch wird nur der Saldo aller Kreditorenkonten mittels Abstimmkonto »Verbindlichkeiten« angezeigt.

Zur besseren Übersicht wird für jeden Lieferanten (Kreditor) ein eigener Stammdatensatz angelegt, der die Buchungsdaten übersichtlich aufführt. So kann jederzeit die Verbindlichkeit gegenüber einem Kreditor als offener Posten angezeigt werden (siehe Abbildung 6.1).

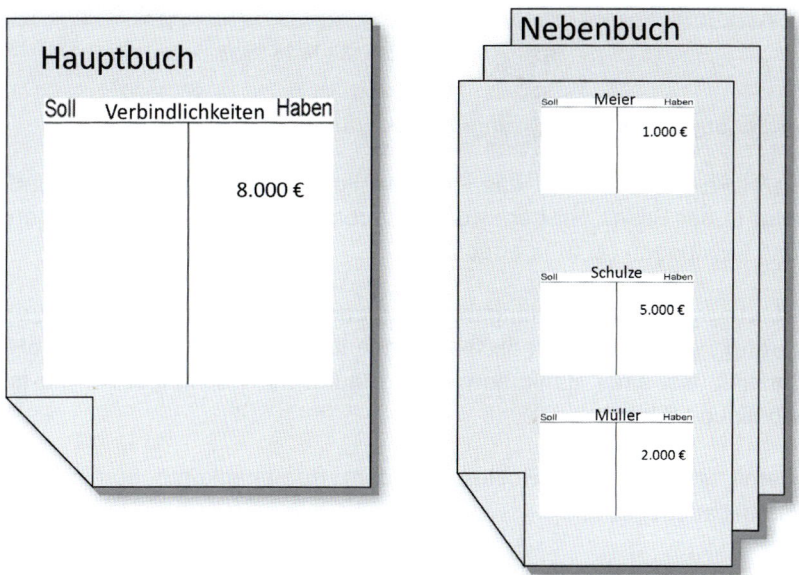

Abbildung 6.1: Hauptbuch – Nebenbuch

6.1 Buchungen in der Kreditorenabteilung

Beim Geschäftsvorfall »Einkauf von Rohstoffen brutto 35.700 €« wird die grundsätzliche Handhabung in der Kreditorenbuchhaltung gezeigt. Den Buchungssatz und die Übertragung auf Konten zeigt Abbildung 6.2.

Nr.	Sollkonto	Betrag	Habenkonto	Betrag
1.	Rohstoffe	30.000		
	Vorsteuer	5.700		
			Stahlhandel GmbH	35.700

Soll	Rohstoffe		Haben
1. Stahlhandel GmbH	30.000		

Soll	Vorsteuer		Haben
1. Stahlhandel GmbH	5.700		

Soll	Stahlhandel GmbH (Verbindlichkeiten aLuL)		Haben
		1. Rohstoffe/VoSt	35.700

Abbildung 6.2: Buchung Eingangsrechnung

STAHLHANDEL GMBH ist das Personenkonto für den Lieferanten und wird in der Bilanz auf dem Konto »Verbindlichkeiten aus Lieferungen und Leistungen (aLuL)« erfasst.

Abhängig von den Zahlungsbedingungen und der einwandfreien Lieferung, wird die Verbindlichkeit gegenüber der Stahlhandel GmbH bezahlt. Bei einer Banküberweisung lautet der Buchungssatz wie in Abbildung 6.3.

Damit ist der offene Posten auf dem Personenkonto Stahlhandel GmbH ausgeglichen.

2. Stahlhandel GmbH	an	Bank	35.700

Soll	Bank	Haben
	1. Stahlhandel GmbH	35.700

Soll	Stahlhandel GmbH (Verbindlichkeiten aLuL)		Haben
2. Bank	35.700	1. Rohstoffe/VoSt	35.700

Abbildung 6.3: Buchung Banküberweisung

Oft kommt es allerdings vor, dass nicht der exakte Rechnungsbetrag überwiesen wird. Laut Umsatzsteuergesetz teilt sich der Rechnungsbetrag in *Entgelt* – den tatsächlichen Wert für die Lieferung – und *Vorsteuer* (VoSt). Dies bedeutet: Wird ein geringerer Rechnungsbetrag überwiesen, müssen sowohl das Entgelt (Wert der Lieferung) als auch die Vorsteuer korrigiert werden. Das Entgelt für die Lieferung ist zugleich auch die Bemessungsgrundlage für die Vorsteuer. Folgende Gründe führen zur Korrektur der Bemessungsgrundlage:

▶ *Ware wird zurückgesendet:* Die gelieferte Ware ist fehlerhaft oder wurde nicht so bestellt, sodass sie für den Empfänger unbrauchbar ist und an den Lieferanten zurückgesendet wird.

▶ *Mängelrüge:* Sofern die gelieferte Ware zwar schadhaft, aber nicht unbrauchbar ist, kann der Lieferant einen Preisnachlass gewähren.

▶ *Bonus, Treuerabatt, Umsatzrabatt:* In diesem Fall ist an der Ware nichts auszusetzen. Der Lieferant möchte durch einen Preisnachlass den Kunden an sich binden. Die Gewährung des Preisnachlasses erfolgt aufgrund großer Abnahmemengen oder mehrjähriger Zusammenarbeit.

▶ *Skonto:* Für vorzeitiges Begleichen der Rechnung gewährt der Leistungsgeber einen Preisnachlass. Der Leistungsempfänger darf den Bruttorechnungsbetrag um einen kleinen Prozentsatz kürzen.

Korrekturen durch Skonto

 Anhand nachfolgender Buchung mit Skontoabzug zeige ich Ihnen exemplarisch, wie sowohl der Wert der Lieferung als auch die bisherige Vorsteuer korrigiert werden:

Die Überweisung erfolgt unter Abzug von 3 % Skonto.

$$35.700\ € - 1.071\ € \ (3\ \% \ Skonto\ von\ Hundert) = 34.629€$$

Der Überweisungsbetrag ist 34.629 €, der um den Bruttowert 1.071 € gekürzt wird. Anschließend muss die Vorsteuer abgezogen werden:

Vorsteuer: $1.071\ € \times \dfrac{19}{119} = 171\ €$

Warenwert: $1.071\ € \div 1,19 = 900\ €$

Den entsprechenden Buchungssatz und die Kontierung zeigt Abbildung 6.4.

Die erhaltenen Skonti sind nichts anderes als ein Preisnachlass für die eingekauften Rohstoffe. Üblicherweise werden die erhaltenen Skonti auf einem eigenen Konto erfasst, gehören aber zu den Anschaffungskosten der Rohstoffe (§ 255 I HGB) und müssen bei der Bewertung im Rahmen der Inventur mit berücksichtigt werden. Dazu schlagen viele Lehrbücher vor, am Ende eine Buchungsperiode das Konto »Erhaltene Skonti« über das Konto »Rohstoffe« abzuschließen. In einer IT-gestützten Buchführung fehlt hierfür die Notwendigkeit.

Im folgenden Abschnitt zeige ich Ihnen, wie die Buchungen im SAP-System aussehen. Für dieses Vorhaben muss zunächst ein Lieferantenstammsatz angelegt werden.

Nr.	Sollkonto	Betrag	Habenkonto	Betrag
3.	Stahlhandel GmbH	35.700		
			Bank	34.629
			Erhaltene Skonti	900
			Vorsteuer	171

Soll	Bank	Haben
	3. Stahlhandel GmbH	34.629

Soll	Vorsteuer		Haben
1. Stahlhandel GmbH	5.700	3. Stahlhandel GmbH	171

Soll	Erhaltene Skonti	Haben
	3. Stahlhandel GmbH	900

Soll	Stahlhandel GmbH (Verbindlichkeiten aLuL)		Haben
3. Bank etc.	35.700	1. Rohstoffe/VoSt	35.700

Abbildung 6.4: Geldausgang: Banküberweisung unter Abzug von 3 % Skonto

6.2 Kreditorenstammdatensatz

In einem Konzern kann jeder Buchungskreis mit einem x-beliebigen Lieferanten eine Geschäftsbeziehung eingehen. Um dabei Datenredundanz zu vermeiden, existieren alle allgemeinen Daten nur einmal, und zwar auf Mandantenebene. Spezifische Daten für den Buchungskreis oder die Einkaufsorganisation werden in einem jeweiligen Segment angelegt.

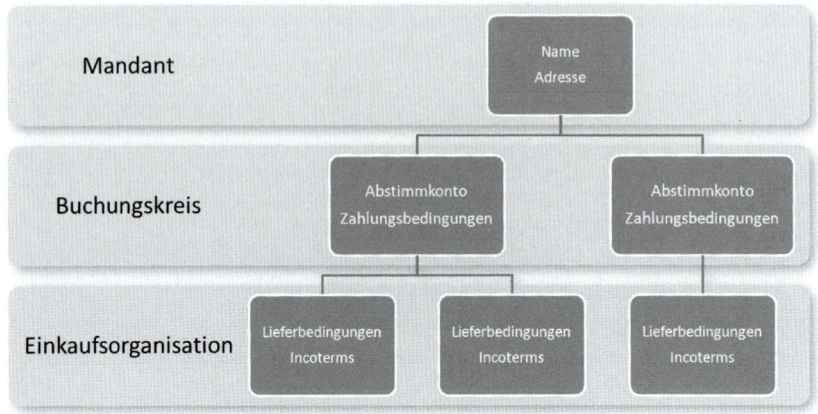

Abbildung 6.5: Aufbau Kreditorenstammdatensatz

Wie bei den Sachkontenstammdaten, besteht auch der Kreditoren-stammdatensatz mindestens aus zwei Teilen: den allgemeinen und den buchungskreisspezifischen Daten. Existieren in einem Konzern oder Buchungskreis außerdem Einkaufsorganisationen, so kommt noch ein drittes Segment hinzu, welches die spezifischen Daten der Einkaufsorganisation enthält (siehe Abbildung 6.5).

Auf diese Weise ist ein Lieferant im ganzen Konzern »bekannt«, aber jeder Buchungskreis kann mit zusätzlichen Daten den Lieferanten beauftragen.

Der Stammdatensatz kann in der FI-Transaktion FK02 – RECHNUNGS-WESEN • FINANZWESEN • KREDITOREN • STAMMDATEN • ÄNDERN und auch im Logistikbereich: XK02 – EINKAUF • STAMMDATEN • LIEFERANT • ZENTRAL • ÄNDERN bearbeitet werden. Im Logistik-Bereich sind alle drei Segmente sichtbar (siehe Abbildung 6.6), wohingegen bei FI nur allgemeine und buchungskreisspezifische Daten veränderbar sind.

Im Einstiegsbild kann bereits bestimmt werden, welche Felder geän-dert werden sollen.

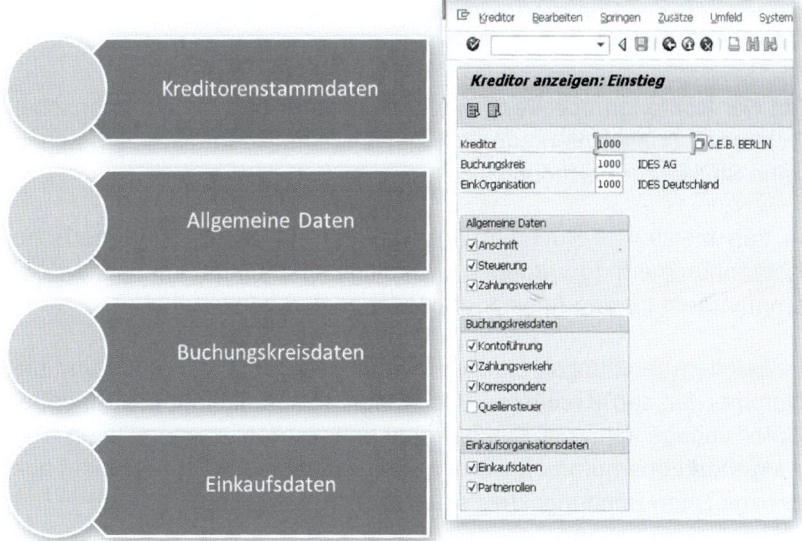

Abbildung 6.6: Kreditoren anzeigen: Einstieg

6.3 Anlegen eines neuen Kreditorenstammdatensatzes

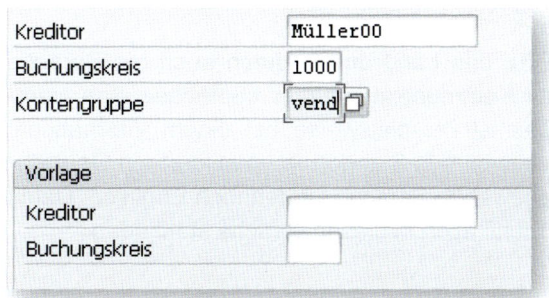

Abbildung 6.7: Kreditoren anlegen: Einstieg

Wie in Abbildung 6.7 zu sehen ist, kann im Einstiegsbild für den Kreditor auch eine alphanumerische Nummer angegeben werden. Dazu muss allerdings die Kontengruppe bekannt sein. Darüber wird ge-

steuert, ob die Nummernvergabe intern oder extern ist, rein numerisch oder alphanumerisch.

Mit der Kontengruppe Vend wird ein externer und alphanumerischer
Schlüssel (Lieferantennummer) gewählt. Für den Kreditor stehen
zehn Stellen zur Verfügung.

In den meisten IT-Buchführungssystemen ist es üblich numerische
Kontennummern zu vergeben. Allerdings sind alphanumerische Kontennummern für den Anwender besser zu verstehen.

In welchem Buchungskreis die Rechnungen gebucht werden und die
Nummer für den Kreditoren (Schlüssel) vervollständigt die Eingabe.
Unter Vorlage kann ein Kreditor angeben werden, dessen Daten weitestgehend übernommen werden. Der Vorlagekreditor muss nicht aus
dem gleichen Buchungskreis stammen.

6.3.1 Allgemeine Daten des Kreditors

Auf der ersten Maske (siehe Abbildung 6.8) werden Name, Anschrift
und Suchbegriff eingeben. Diese Angaben stehen als Selektionskrite-
rien auf allen Auswertungen zur Verfügung.

Obwohl bereits mit »DE« das Land und dadurch auch die Sprache
bestimmt sind, kann zur Kommunikation unter »Sprache« eine andere gewählt werden. Das ist beispielsweise bei einem international
tätigen Unternehmen sinnvoll. Als Standort ist »Walldorf« in Deutschland hinterlegt, die ausgewählte Sprache ist dennoch Englisch. Damit
wird die gesamte Kommunikation in dieser Sprache stattfinden.

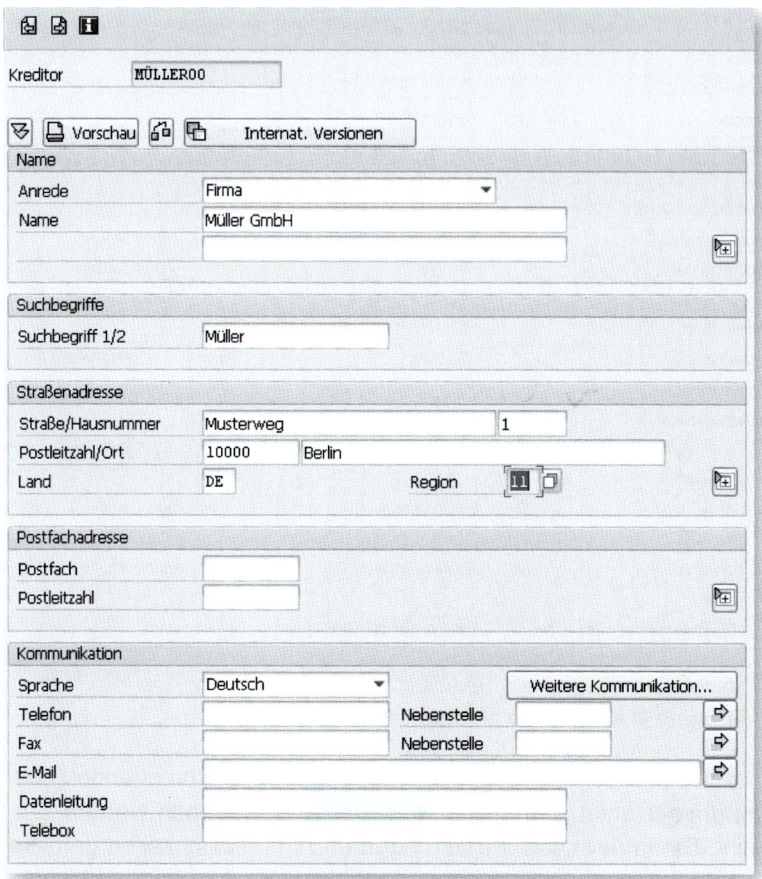

Abbildung 6.8: Kreditoren anlegen: Anschrift

Über die Schaltflächen 🔲 🔲 kann zum nächsten Bild gesprungen werden.

Kreditor	MÜLLER00	Müller GmbH		Berlin

Kontosteuerung

Debitor		Berechtigung	
PartnGesellsch		Konzern	

Steuerinformationen

Steuernummer 1		Steuernummertyp		☐ Ausgl.Steuer
Steuernummer 2		Steuerart		☐ Natürl.Person
				☐ Umsatzsteuer
Fisk. Anschrift				
Steuerstandort		USt-Id.Nr		Weitere...
Zust. Finanzamt				
Steuernummer				

Referenzdaten

Lokationsnr. 1		Lokationsnr. 2		Prüfziffer	
Branche					
Stan.Carrier Cd		SpdFraGruppe		DienstlSchmGr	
LEB relevant					
Ist-QM-System		QM-System bis			

Abbildung 6.9: Kreditoren anlegen: Kontosteuerung

Ist der Kreditor sogleich auch Debitor, kann die entsprechende Debitorennummer unter dem Reiter STEUERUNG angegeben werden. Damit sind Sie in der Lage, Forderungen und Verbindlichkeiten gemeinsam zu betrachten. Weiterhin sammelt diese Maske (siehe Abbildung 6.9) alle benötigten Steuernummern, wie z. B. die Umsatzsteuer-Identifikations-Nummer für innergemeinschaftlichen Erwerb.

Die Maske unter dem Reiter ZAHLUNGSVERKEHR (siehe Abbildung 6.10) erfasst die Bankdaten und bestimmt, ob es einen abweichenden Zahlungsempfänger gibt. Wird die Kontonummer eines anderen Kreditors angeben, erfolgen alle Zahlungen über dessen Bankkonto.

Abbildung 6.10: Kreditoren anlegen: Bankverbindungen

Seit Februar 2014 ist die für den SEPA-Zahlungsverkehr notwendige IBAN an dieser Stelle zu hinterlegen.

6.3.2 Buchungskreisdaten des Kreditors

Unbedingt muss die Eingabe des Abstimmkontos erfolgen, wie in Abbildung 6.11 zu sehen ist. Hier ist *160000* (Verbindlichkeiten) aus LIEFERUNG UND LEISTUNG gewählt. Somit wird der Saldo des Personenkontos »Müller00« im Hauptbuch automatisch auf das Konto 160000 übertragen.

Die FINANZDISPOSITIONSGRUPPE ist ein weiteres Pflichtfeld. Innerhalb der Finanzdisposition können Debitoren und Kreditoren einer Dispositionsgruppe zugeordnet werden, die bestimmte Eigenschaften, Risiken oder die Art der Geschäftsbeziehung widerspiegeln, z. B.:

(ähnlich Bew.Art)

▶ Debitoren Bankeinzug,

▶ Debitoren Krisengebiet,

▶ Kreditoren Verbundene Unternehmen.

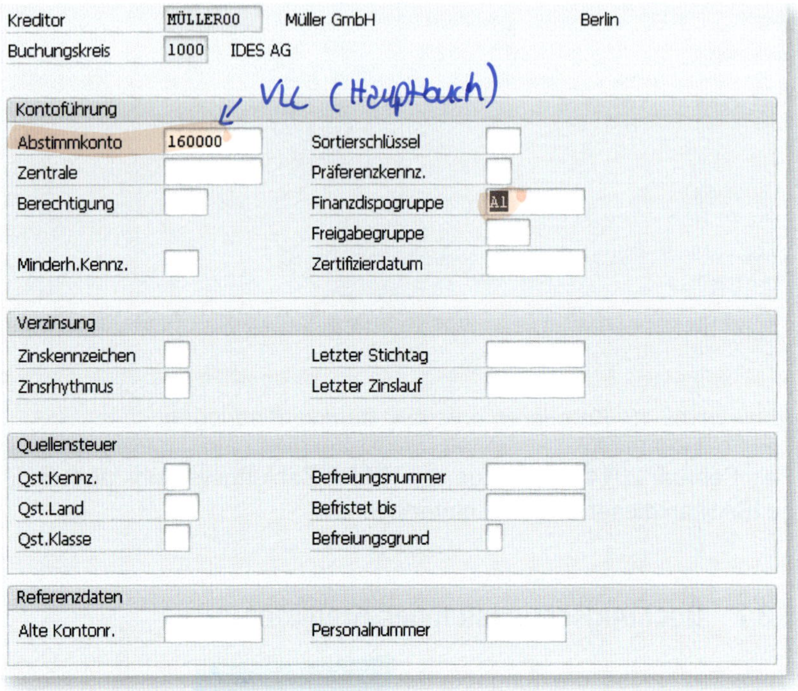

Abbildung 6.11: Kreditor anlegen: Kontoführung

Dadurch ist es möglich, die Anzeige der kurzfristigen Finanzdispositi-on unter dem Gesichtspunkt der Wahrscheinlichkeit des Mittelzu- oder Mittelabgangs aufzugliedern.

Mit SORTIERSCHLÜSSEL wird eine Sortierreihenfolge für die Anzeige der Einzelposten angegeben. Üblicherweise wird nach dem Inhalt des Feldes ZUORDNUNG IM BELEG sortiert.

Im Feld BERECHTIGUNG wird angegeben, wer Änderungs- bzw. Sicht-berechtigungen auf dieses Konto erhält.

Der ZAHLUNGSBEDINGUNGSSCHLÜSSEL, wie in Abbildung 6.12 ersicht-lich, enthält einen Schlüssel, über den Zahlungsbedingungen in Form von Skontoprozentsätzen und Zahlungsfristen definiert werden.

| Kreditor | MÜLLER00 | Müller GmbH | Berlin |
| Buchungskreis | 1000 | IDES AG | |

Zahlungsdaten

Zahlungsbed	ZB01		Toleranzgruppe	
			Prf.dopp.Rech.	✓
Dauer Schckrlf.				

Automatischer Zahlungsverkehr

Zahlwege	CU		Zahlungssperre		Zur Zahlung frei
Abweich.Zempf.			Hausbank		
Einzelzahlung			GruppierSchl		
Wechsellimit		EUR			
Avis per EDI					

Rechnungsprüfung

| Toleranzgruppe | |

Abbildung 6.12: Kreditor anlegen: Zahlungsdaten

Der Schlüssel wird als Vorschlagswert in Aufträgen, Bestellungen und Rechnungen verwendet. Die zugehörigen Zahlungsbedingungenen (siehe Abbildung 6.13) liefern Informationen für die Finanzdisposition, für das Mahnwesen und den Zahlungsverkehr.

ZBed	Eigene Erläuterung
JP05	sofort zahlbar ohne Abzug
	Basisdatum am Ende des Monats
MF01	zahlbar in 3 Teilbeträgen
	1. Rate: 50,000 % mit ZahlKond. 0002
	2. Rate: 30,000 % mit ZahlKond. 0004
	3. Rate: 20,000 % mit ZahlKond. 0005
NT30	Netto 30
NT60	Netto 60
R001	Ratenkondition 3 Teilbeträge (ZR01, ZR02, ZR03)
ZB00	sofort zahlbar ohne Abzug
ZB01	14 Tage 3%, 30/2%, 45 netto
ZB02	14 Tage 2%, 30/1,5%, 45 netto
	14 Tage 2%, 30/1,5%, 45 netto
ZB03	20 Tage 2%, 30 Tage netto
ZB04	10 Tage 2%, 20/2%, 30 netto
ZB05	Ende Monat 4% / 15. Folgemon. 2%
ZB06	14 Tage 4%, 30/2, 60 netto
ZB07	Sofort ohne Abzug

Abbildung 6.13: Zahlungsbedingungen

Jede TOLERANZGRUPPE ist mit unterschiedlichen Festlegungen hinsichtlich der Skontogewährung und der Behandlung von Zahlungsdifferenzen ausgestattet. Diese Vereinbarungen werden beim Erfassen von Zahlungsvorgängen wirksam. Buchhalter oder auch Kreditoren/Debitoren können in unterschiedliche Toleranzgruppen mit mehr oder weniger Entscheidungsvollmacht eingeteilt werden. Jede Toleranzgruppe bekommt feste Grenzen in Bezug auf die Skontoziehung in Prozent und den absoluten Betrag.

Ist das Kennzeichen PRÜFUNGSVERMERK FÜR DOPPELTE RECHNUNGEN BZW. GUTSCHRIFTEN gesetzt, bewirkt dies, dass bei der Erfassung von Eingangsrechnungen bzw. Gutschriften eine doppelte Erfassung geprüft wird. Zuerst wird geprüft, ob die Rechnungsbelege in der Logistik-Rechnungsprüfung bereits erfasst wurden; dabei werden Rechnungen untersucht, die entweder fehlerhaft sind oder für die Rechnungsprüfung im Hintergrund erfasst wurden.

Danach wird geprüft, ob es bereits FI- oder RW-Belege gibt, die mit der herkömmlichen oder Logistik-Rechnungsprüfung erzeugt wurden, und die in entsprechenden Kriterien übereinstimmen. Von Bedeutung ist das Feld REFERENZ IM BELEGKOPF, welches die externe Belegnummer (Originalbeleg) aufnimmt. Ist dieses Feld leer, werden die Felder BUCHUNGSKREIS, LIEFERANT, WÄHRUNG, BELEGDATUM und BETRAG überprüft.

Unter AUTOMATISCHER ZAHLUNGSVERKEHR muss angegeben werden, wie die Schuld beglichen werden soll: ob eine Banküberweisung erfolgt, ein Scheck ausgestellt und zugesendet wird oder ob das Unternehmen gar dem Bankeinzug zugestimmt hat. Es können alle benötigten ZAHLWEGE angegeben und beim automatischen Zahlen berücksichtigt werden (siehe Abbildung 6.14).

Mittels SPERRSCHLÜSSEL FÜR ZAHLUNG können ein Konto oder ein offener Posten für den Zahlungsverkehr gesperrt werden (siehe Abbildung 6.15).

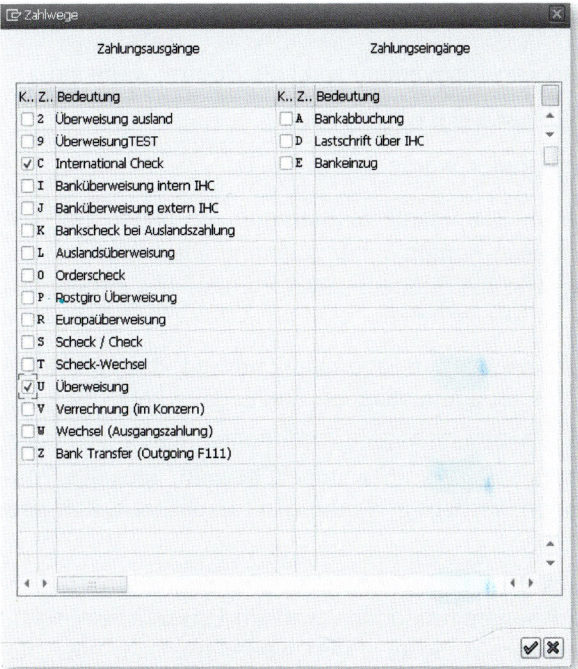

Abbildung 6.14: Zahlwege

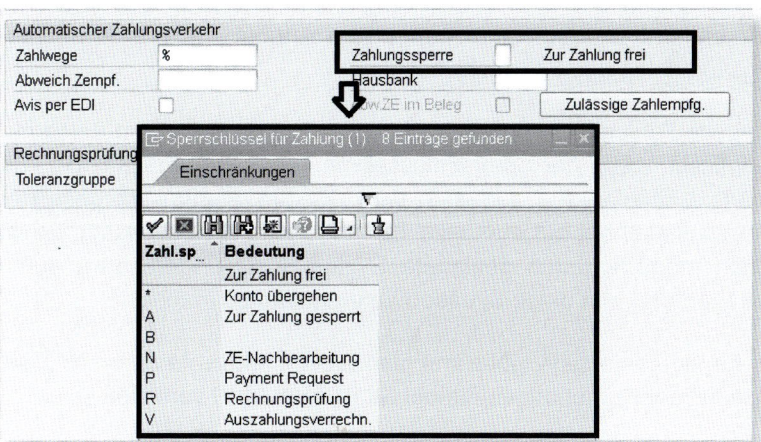

Abbildung 6.15: Sperrschlüssel für den Zahlungsverkehr

Der Sperrschlüssel kann wie folgt eingesetzt werden:

1. Im automatischen Zahlungsverkehr wirkt die Sperre, wenn sie

   ▶ im Stammsatz hinterlegt oder

   ▶ im Beleg eingetragen wurde.

2. Wird die Sperre im Stammsatz eingetragen, so finden Sie alle offenen Posten dieses Kontos in der Ausnahmeliste. Von besonderer Bedeutung sind die Sperrschlüssel »*« und »+« im Stammsatz.

   ▶ Der Sperrschlüssel »*« im Stammsatz bewirkt, dass alle Posten des Kontos im automatischen Zahlungsverkehr übergangen werden.

   ▶ Der Sperrschlüssel »+« im Stammsatz bewirkt, dass alle Posten übergangen werden, in denen nicht explizit ein Zahlweg vorgegeben ist.

   ▶ Der Sperrschlüssel »A« hat ebenfalls eine besondere Bedeutung: Er wird generell automatisch beim Erfassen einer Anzahlung gesetzt. »A« sollte daher weder gelöscht noch für andere Zwecke verwendet werden.

Ob ein Sperrschlüssel in der Zahlungsvorschlagsbearbeitung gesetzt oder entfernt werden kann, hängt vom Attribut ÄNDERBAR im Zahlungsvorschlag des Sperrschlüssels ab.

Manuelle Zahlungen werden durch einen Sperrschlüssel im Beleg nur beeinflusst, wenn der Sperrschlüssel mit dem Attribut GESPERRT FÜR MANUELLE ZAHLUNGEN versehen wird. Ein im Stammsatz gesetzter Sperrschlüssel hat auf manuelle Zahlungen keine Auswirkung. Es ist jedoch möglich, durch geeignete Systemeinstellungen, etwa durch eine Warnung, auf diese Situation aufmerksam zu machen.

Der für die Zahlungsfreigabe im Finanzwesen relevante Sperrschlüssel muss mit dem zugehörigen Attribut NICHT ÄNDERBAR versehen sein.

6.3.3 Korrespondenz Buchhaltung

Auch ein Kreditor kann gemahnt werden, sobald ein Sollsaldo auf dem Personenkonto vorliegt. Möglich wird dies, sofern der Kreditor auch zugleich Debitor ist, wenn Anzahlungen geleistet wurden oder bei Gutschriften.

Dazu muss das jeweilige/passende Mahnverfahren ausgewählt sein, wozu auch die Anzahlmahnstufen (SAP unterstützt neun Mahnstufen), die Texte und der Mahnrhythmus (monatlich, wöchentlich) gehören. In der Praxis kommen zwei bis drei externe Mahnstufen in den Unternehmen für Kunden zur Anwendung. Die letzte Mahnstufe hat dann nur noch internen Charakter und kennzeichnet die Zuständigkeit der Rechtsabteilung.

Die Felder LETZTE MAHNUNG (Mahndatum) und MAHNSTUFE belegt das System nach dem Mahnlauf. Bei Bedarf ist es möglich, Änderungen manuell vorzunehmen (siehe Abbildung 6.16).

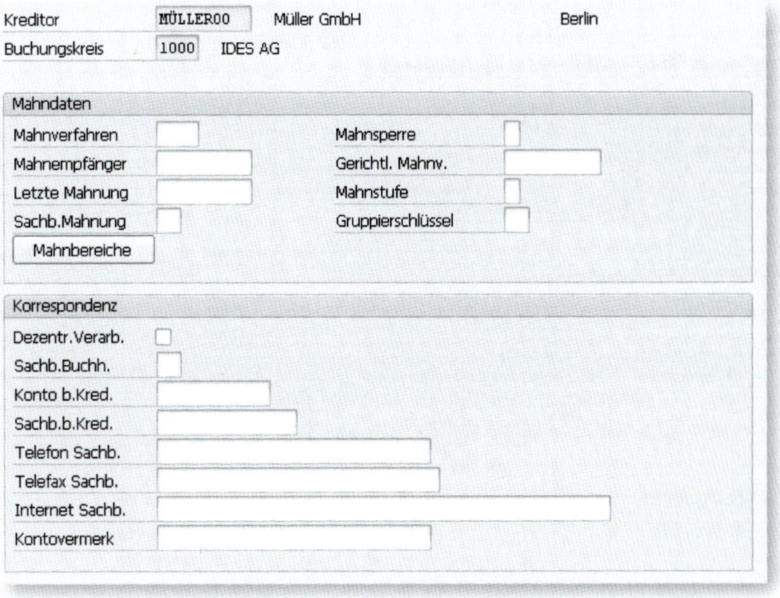

Kreditor MÜLLER00 Müller GmbH Berlin
Buchungskreis 1000 IDES AG

Mahndaten
Mahnverfahren
Mahnempfänger
Letzte Mahnung
Sachb.Mahnung
Mahnbereiche
Mahnsperre
Gerichtl. Mahnv.
Mahnstufe
Gruppierschlüssel

Korrespondenz
Dezentr.Verarb.
Sachb.Buchh.
Konto b.Kred.
Sachb.b.Kred.
Telefon Sachb.
Telefax Sachb.
Internet Sachb.
Kontovermerk

Abbildung 6.16: Mahndaten und Korrespondenz

6.4   Erfassen von Kreditorenrechnungen

Für die Erfassung stellt SAP mehrere Transaktionen zur Verfügung, je nachdem, in welchem Modul die Rechnung gebucht wird. Zum einen kann die Rechnung im Bereich FI, zum anderen im Bereich MM der Logistik erfasst werden. Hier erfolgt die Buchung oft verdeckt, sie ist also im Geschäftsprozess integriert. Die Buchung in FI hat prinzipiell folgendes Aussehen: Ein Aufwand wird mit Vorsteuer an einen Kreditor gebucht, wie es z. B. der Buchungssatz in Abbildung 6.17 zeigt.

6.5   Buchen mit der Einbildtransaktion

Über den Menüpfad FB60 – RECHNUNGSWESEN • FINANZWESEN • KREDITOREN • BUCHUNG • RECHNUNG erreichen Sie die Erfassungsmaske. Hier sehen Sie beispielhaft die Buchung der Verbindlichkeit für den Einkauf von Papier der Firma Müller GmbH (siehe Abbildung 6.17).

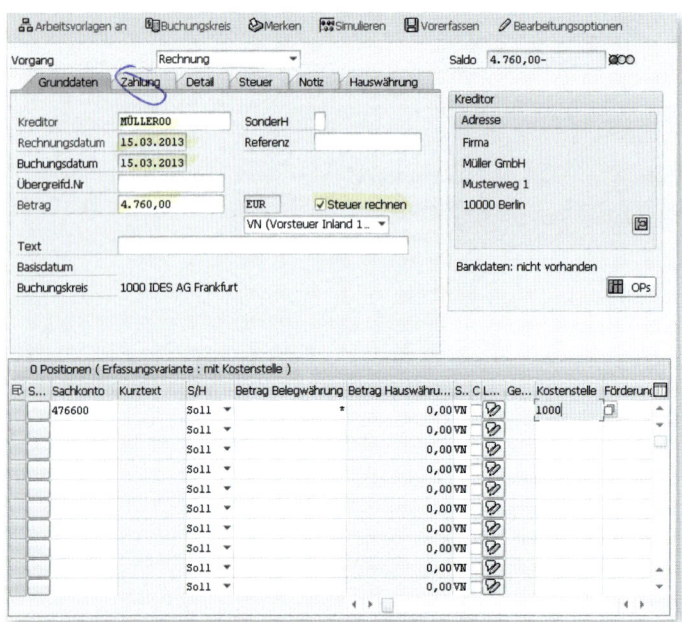

Abbildung 6.17: Rechnung (Kreditor) buchen

Ohne die Maske zu verlassen, kann der Beleg unter dem Menüpunkt BELEG ANZEIGEN BZW. ÄNDERN angeschaut werden (siehe Abbildung 6.18).

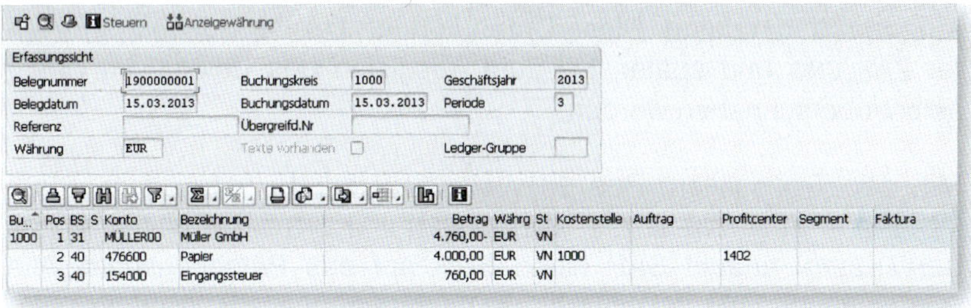

Abbildung 6.18: Beleg, Übersicht

Mit einem Klick auf die Lupe verzweigt das System auf die Detailansicht. Abbildung 6.19 zeigt die Detailansicht für die Buchung im Haben auf dem Personenkonto »Müller00«. Wie bereits in Abschnitt 5.4 ausgeführt, darf entsprechend den GoBs kein Buchungssatz verändert werden. Dies gilt aber nur für die Angabe der Konten, den Betrag und das Datum. Andere, in der Abbildung blau dargestellte Felder wie z. B. die Zahlungsbedingung oder Textinformationen, sind zugänglich und auch nachträglich änderbar.

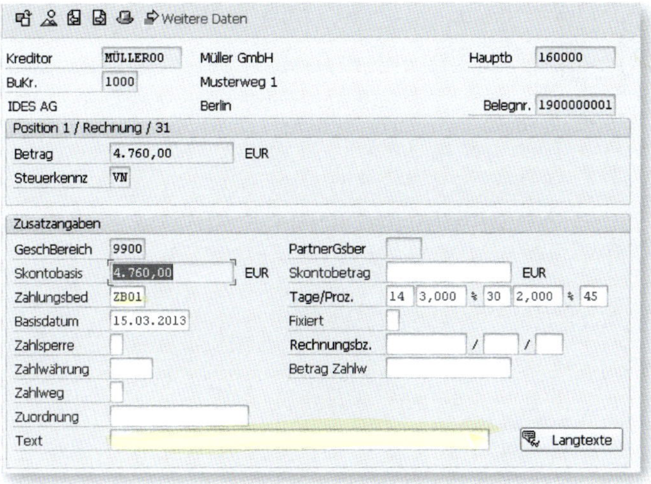

Abbildung 6.19: Detailansicht Haben-Buchung

Fest: Datum | Betrag | Kto
Rest jederzeit änderbar.

103

Es ist somit möglich, abweichend von den Stammdaten – beispielsweise im Beleg – eine Zahlsperre einzutragen.

Grundsätzlich nimmt SAP die Daten für z. B. Zahlungsbedingungen aus den Stammdaten. Diese Daten können bei der Buchung im Reiter ZAHLUNG und später, bis zum Ausgleich des Belegs, im Beleg selbst überschrieben werden.

Mit der Transaktion POSTEN ANZEIGEN/ÄNDERN unter dem Pfad: FBL1N – FINANZWESEN • KREDITOREN • KONTO • POSTEN ANZEIGEN/ÄNDERN erlaubt SAP einen Blick auf das Personenkonto. Alle Bewegungen sind ersichtlich, je nachdem, welche Wahl im Eingangsbild getroffen wird: offene, ausgeglichene oder alle Posten.

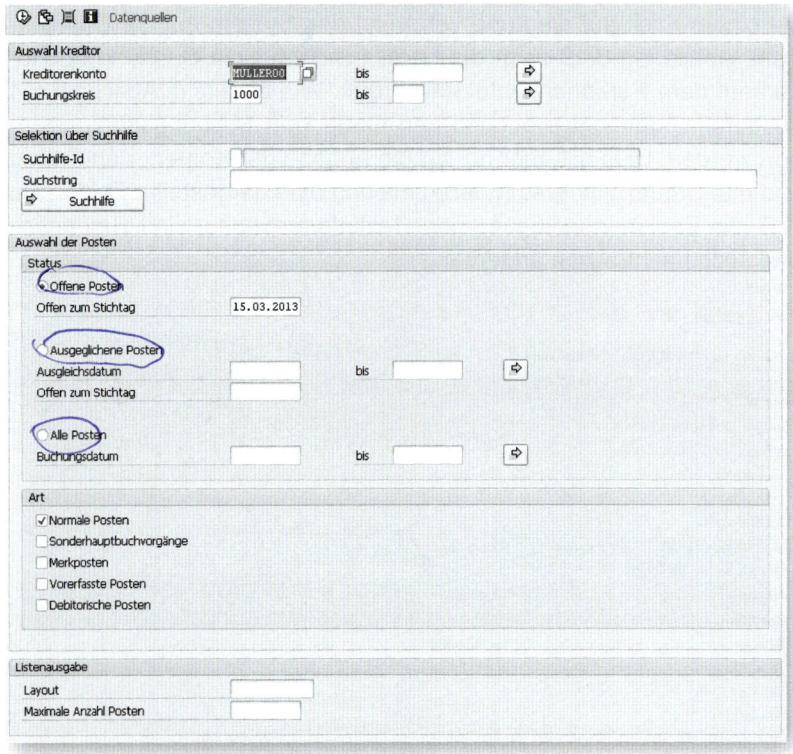

Abbildung 6.20: Kreditoren, Auswahl

In Abbildung 6.20 werden der Kreditor und der Buchungskreis ausgewählt. Da der Kreditor mandantenweit bekannt ist, können mit mehreren Buchungskreisen (selbstständiges Unternehmen) Geschäftsbeziehungen bestehen. Wird unter AUSWAHL DER POSTEN • STATUS • OFFENE POSTEN zum Stichtag 15.03.2013 ausgewählt, so zeigt das System alle noch nicht ausgeglichen Rechnungen zu diesem Zeitpunkt an. Eine Rechnung kann durch Bezahlen, Verrechnen oder Gutschrift ausgeglichen werden. Die ausgeglichenen Posten werden bei Betätigung der zweiten Auswahl angezeigt. Bei Auswahl der dritten Möglichkeit ALLE POSTEN zeigt SAP alle Rechnungen des betreffenden Kreditors an.

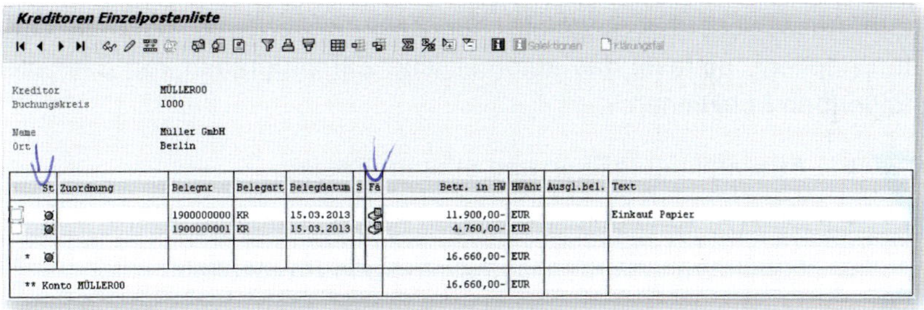
Kreditoren Einzelpostenliste

Kreditor MÜLLER00
Buchungskreis 1000

Name Müller GmbH
Ort Berlin

St	Zuordnung	Belegnr	Belegart	Belegdatum	S	Fä	Betr. in HW	HWähr	Ausgl.bel.	Text
		1900000000	KR	15.03.2013			11.900,00-	EUR		Einkauf Papier
		1900000001	KR	15.03.2013			4.760,00-	EUR		
*							16.660,00-	EUR		
** Konto MÜLLER00							16.660,00-	EUR		

Abbildung 6.21: Kreditoren, Einzelposten

Abbildung 6.21 zeigt alle offenen Rechnungen bis zum angegebenen Datum an. Durch den roten Punkt unter STATUS ist zu erkennen, dass die Rechnung noch nicht ausgeglichen ist. Die Spalte FÄLLIGKEIT gibt Auskunft, wann die Rechnung bezahlt werden muss. Hier wird je nach Einstellung auch die maximale Ziehung von Skonto berücksichtigt.

6.6 Automatischer Zahlungsverkehr

Die große Stärke eines Buchhaltungsprogramms ist, so viel wie möglich zu automatisieren. Es kann auch der Zahlvorgang weitestgehend unabhängig von manuellen Eingriffen ausgeführt werden. Dies birgt natürlich eine große Gefahr, aber auch enorme Vereinfachungen. SAP ist auf die Verwaltung großer Datenmengen eingestellt und ermöglicht den automatischen Zahlungsverkehr. Zu den Zahlungsvorgängen eines Unternehmens gehören:

▶ Zahlungseingänge per Lastschrift (SEPA Direct Debit),

▶ Zahlungsausgänge per Überweisung (SEPA Credit Transfer),

▶ Scheckein- und ausgänge,

▶ Wechsel,

▶ andere internationale Verfahren (z. B. Lockbox für die USA).

Allerdings ist es unumgänglich, die Stammdaten sorgfältig zu pflegen, denn fehlende Angaben in den Stammdaten oder im Beleg führen zum Ausschluss des automatischen Zahlungsverkehrs. Sind alle Daten gepflegt, umfasst das automatische Zahlprogramm von SAP die folgenden Funktionen:

▶ Auswahl der fälligen und offenen Posten,

▶ Buchen von Zahlungsbelegen (Buchhaltungsbelegen),

▶ Generierung von Zahlungslisten und Protokollen,

▶ Generierung von Zahlungsträgern (Scheckformularen, Avisen).

6.6.1 Zahlen

Der automatische Zahlvorgang erfolgt hierbei in drei Schritten:

1. Einstellen der Parameter.

2. Erstellen einer Vorschlagsliste aller zur Zahlung anstehenden Kreditoren, Durchsicht und gegebenenfalls Korrektur.

3. Durchführen der endgültigen Zahlung.

Abbildung 6.22 zeigt das Konto »Müller00«, in dem noch zusätzliche Buchungen aufgeführt sind, um den Zahlungsvorgang zu demonstrieren.

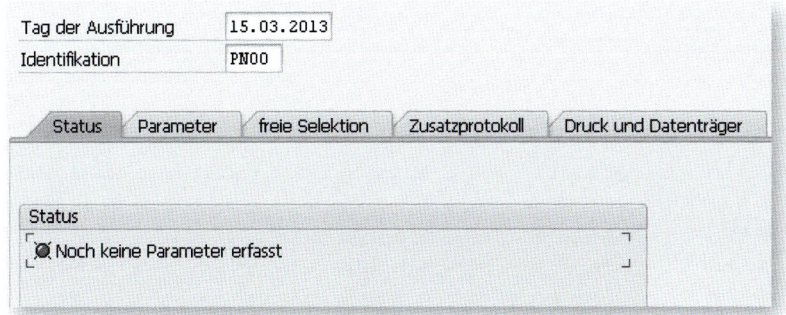

St	Zuordnung	Belegnr	Belegart	Belegdatum	S	Fä	Betr. in HW	HWähr	Ausgl.bel.	Text
⌀		1900000000	KR	15.03.2013			11.900,00-	EUR		Einkauf Papier
⌀		1900000001	KR	15.03.2013			4.760,00-	EUR		
⌀		1900000002	KR	15.03.2013			2.975,00-	EUR		
⌀		1900000003	KR	01.02.2013			1.785,00-	EUR		
⌀		1900000004	KR	08.03.2013			2.142,00-	EUR		
⌀		1900000005	KR	14.03.2013			1.428,00-	EUR		
* ⌀							24.990,00-	EUR		
** Konto MÜLLER00							24.990,00-	EUR		

Abbildung 6.22: Konto Müller00 vor Durchlauf des Zahlvorganges

6.6.2 Einstellen der Parameter

Mit dem Pfad F110 – FINANZWESEN • KREDITOREN • PERIODISCHE ARBEITEN • ZAHLEN öffnet sich die Transaktion ZAHLEN (siehe Abbildung 6.23).

Tag der Ausführung   15.03.2013

Identifikation   PN00

Status   Parameter   freie Selektion   Zusatzprotokoll   Druck und Datenträger

Status

◉ Noch keine Parameter erfasst

Abbildung 6.23: Transaktion Zahlen

Mit den Feldern TAG DER AUSFÜHRUNG und IDENTIFIKATION bekommt der Zahlvorgang eine eindeutige Kennzeichnung. Das Datum hat auf das eigentliche Zahlprogramm keine Auswirkung. Es muss weder am gleichen Tag gestartet werden noch das aktuelle Datum tragen. Die Identifikation kann mit einer fortlaufenden Nummer versehen werden, um Zahlläufe vom gleichen Tag unterscheiden zu können. Sie sollten allerdings darauf achten, die Zahlläufe auch wieder zu beenden, denn von einem Zahllauf betroffene Kreditoren könnten sonst nicht anderweitig bearbeitet werden.

Das Feld STATUS zeigt: Noch keine Parameter sind erfasst. Dazu muss die Registerkarte PARAMETER gewählt werden. Abbildung 6.24 zeigt die dort benötigten Eingaben.

Das Buchungsdatum ist das Datum des Buchungssatzes. SAP begnügt sich nicht allein damit, die Überweisung zu veranlassen, sondern erfasst diesen Vorgang auch buchhalterisch. Es werden somit die Bankbuchung durchgeführt und – wie noch zu zeigen ist – die jeweilige Rechnung ausgeglichen.

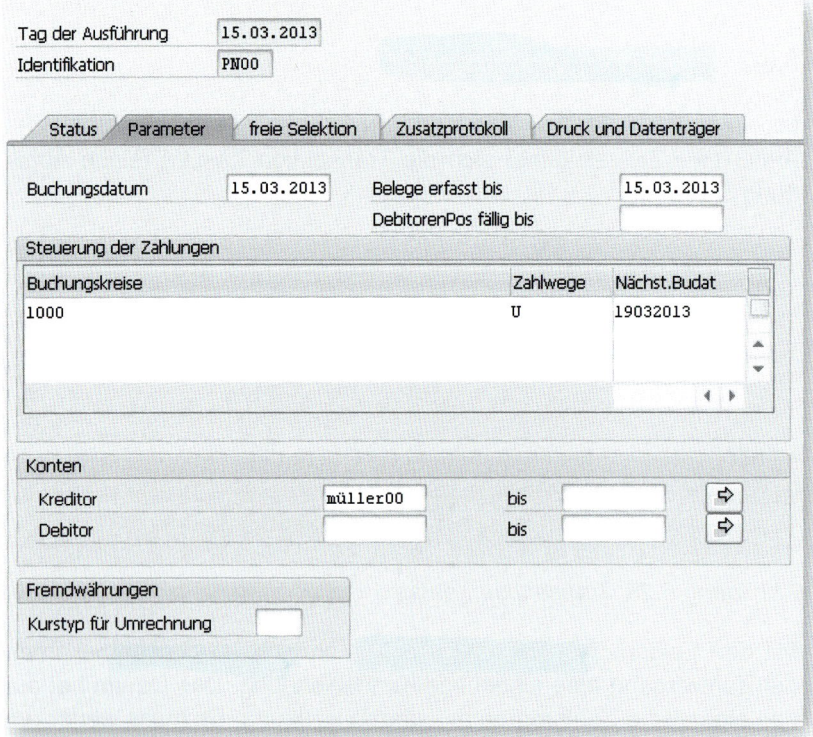

Abbildung 6.24: Eingabe der Parameter für das automatische Zahlen

Hier können Sie angeben, bis wann die Belege erfasst sind. Im Feld BUCHUNGSKREISE wird der zu bezahlende Buchungskreis eingegeben. Mehrere Buchungskreise müssen durch ein Komma getrennt werden. Das nächste Feld enthält die ZAHLWEGE. Auf diese Weise können Sie in unterschiedlichen Läufen zunächst alle Überweisungen und beim darauffolgenden Lauf alle Scheckzahlungen durchführen.

Der Zahlweg kann sowohl im Stammsatz als auch im Beleg eingefügt werden. Liegt im Beleg kein Zahlweg vor, nimmt SAP den Wert aus dem Stammsatz. Anderenfalls übersteuert der Wert im Beleg den Wert aus dem Stammsatz. Im Beleg muss auch nicht zwingend ein Zahlweg eingetragen werden, der im Stammsatz vorhanden ist. So können Sie beispielsweise für einen Lieferanten, für den sonst die Überweisung gültig ist, einen Scheck ausstellen. Ist für den Beleg kein Zahlweg zu ermitteln, weist SAP einen Fehler aus.

Das Buchungsdatum des nächsten Zahlungslaufs wird benötigt, um die Fälligkeit einer Verbindlichkeit zu prüfen. Wenn ein Posten zum Datum des nächsten Zahlungslaufs bereits überfällig wäre oder Skonto verlieren würde, wird die Regulierung im aktuellen Zahlungslauf vorgenommen. Andernfalls erfolgt die Zahlung zum nächsten Termin.

Für Forderungen gilt generell, dass eine Regulierung vor Erreichen des *Zahlungsfristenbasisdatums* nicht möglich ist. Sie erfolgt erst, falls das Zahlungsfristenbasisdatum erreicht oder überschritten ist, unabhängig davon, wann der nächste Zahlungslauf vorgesehen ist. Ab Februar 2014 müssen SEPA-Lastschrifteinzüge gegen ein hinterlegtes SEPA-Mandat geprüft werden. Diese rechtliche Grundlage für den Einzug gilt es im SAP-System dann ebenfalls zu hinterlegen.

Buchtipp

Wir empfehlen Ihnen das Buch »SEPA und SAP®« von Claus Wild und Jörg Siebert – siehe auch: *http://sepa.espresso-tutorials.com*

Nun müssen noch die entsprechenden Personenkonten im Bereich KONTEN eingegeben werden. Weil Bankeinzug ebenso möglich ist, gibt es auch Felder für Debitoren.

Wenn ein Protokoll benötigt wird, müssen unter der gleichnamigen
Registerkarte die entsprechenden Angaben erfolgen. Ein Zusatzprotokoll sollte nur in Ausnahmefällen verwendet werden. Checkboxen
bestimmen die erforderlichen Auswertungen, und welcher Kreditor
oder Debitor betroffen ist, kann in den gewünschten Konten angegeben werden.

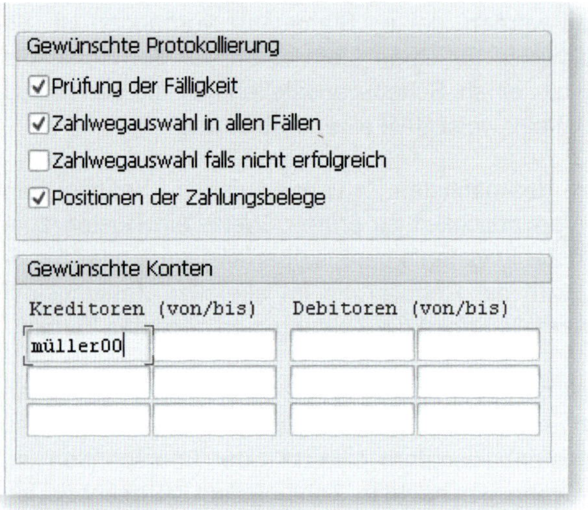

Abbildung 6.25: Protokoll

Die GEWÜNSCHTE PROTOKOLLIERUNG (siehe Abbildung 6.25) kann
folgende Inhalte umfassen:

► PRÜFUNG DER FÄLLIGKEIT protokolliert eine Fälligkeitsprüfung
  der offenen Posten.

► Ist der Haken bei ZAHLWEGAUSWAHL IN ALLEN FÄLLEN gesetzt,
  zeigt das Protokoll, welche Zahlwege genommen werden und
  nach welchen Kriterien – sofern mehrere zur Verfügung stehen.

► Ist im Protokoll nur eine Aufzeichnung erwünscht, wenn kein
  zulässiger Zahlweg zur Verfügung steht, dann muss der Haken bei ZAHLWEGAUSWAHL, FALLS NICHT ERFOLGREICH gesetzt
  sein.

► Der Haken bei POSITIONEN DER ZAHLUNGSBELEGE bewirkt, dass im Protokoll alle gebuchten Belege mit ihren jeweiligen Positionen gedruckt werden. Bei Zahlungsvorschlägen werden die Belegpositionen gedruckt, die bei der folgenden Zahlung erzeugt würden.

Nachdem Sie gespeichert haben und auf die Registerseite zurückgekehrt sind, zeigt der STATUS: »Parameter wurden erfasst« (siehe Abbildung 6.26).

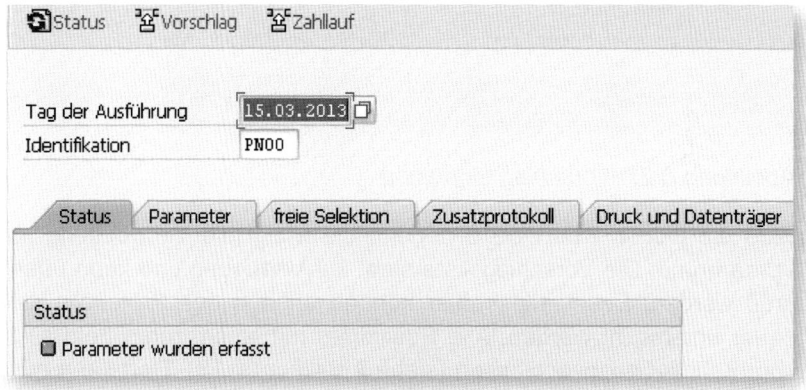

Abbildung 6.26: Parameter wurden erfasst

6.6.3 Zahlungsvorschlag und Zahlungslauf

Erst wenn die Registerkarte STATUS angezeigt wird und alle Parameter erfasst wurden, sind die Buttons VORSCHLAG und ZAHLLAUF sichtbar. Sollte es der Sachbearbeiter für sinnvoll halten, den Zahllauf unmittelbar zu starten, ist dies möglich. Zu bedenken ist allerdings, dass damit gleichzeitig alle entsprechenden Vorgänge im SAP-System angestoßen werden, wie z. B. das Buchen und der Ausgleich der Kreditorenposten.

Entscheidet sich der Sachbearbeiter für ein Einplanen des Vorschlags, erscheint ein Dialog (siehe Abbildung 6.27), in dem DATUM sowie UHRZEIT ZUM BEARBEITEN gesetzt werden können. Ebenso kann ein Zielrechner, der die Arbeit übernehmen soll, angegeben werden. Diese Angaben sind bei umfangreichen Datenbeständen sinnvoll.

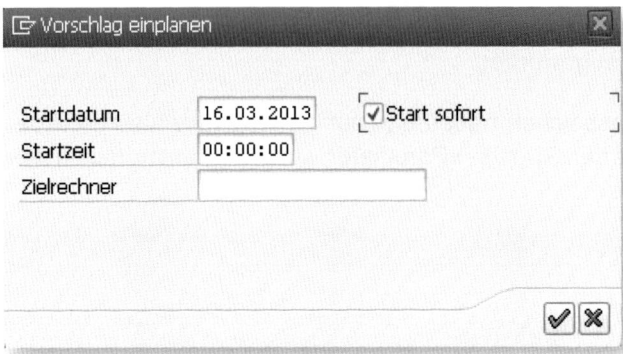

Abbildung 6.27: Vorschlag einplanen

Wird die Option START SOFORT gewählt, erfolgt die Verarbeitung im Vordergrund. Die Vorschlagsliste steht zur Verfügung und kann überprüft werden. Eventuelle Fehler können anhand des Protokolls genauer untersucht werden. Alle Positionen mit einem roten Feld sind vom Zahllauf ausgeschlossen (siehe Abbildung 6.28). Dort kann mittels Doppelklick auf die Zeile AUSNAHMEN eine Liste aller ausgeschlossenen Positionen angezeigt werden. Einige Fehler sind hier korrigierbar, andere benötigen noch genauere Untersuchungen.

Eine Zahlsperre führt zum Ausschluss der Zahlung, und der Grund muss beim zuständigen Sachbearbeiter hinterfragt werden. Sollte der Grund nicht mehr bestehen, kann die Zahlsperre aufgehoben werden.

Gegebenenfalls muss der Zahlvorgang sogar abgebrochen werden, sodass entweder auf dem Beleg oder bei den Stammsätzen zusätzliche Angaben erforderlich sind. Dazu ist es unumgänglich, den Zahlvorschlag zu löschen.

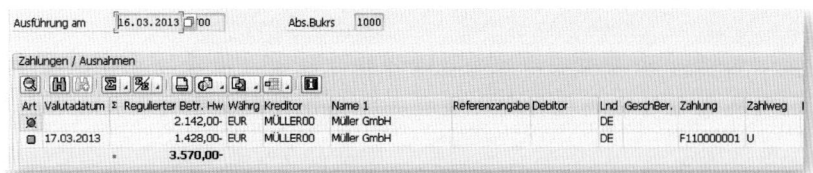

Abbildung 6.28: Zahlungen/Ausnahmen

Wie in Abbildung 6.28 zu sehen ist, muss der Zahlbetrag 2.142 € näher untersucht werden. Die rote Ampel deutet einen Fehler an. Hierzu können Sie das Protokoll heranziehen (siehe Abbildung 6.29).

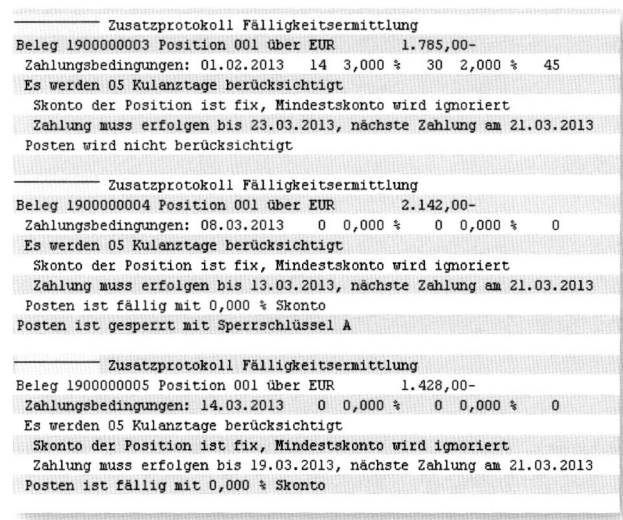

Abbildung 6.29: Zusatzprotokoll

Im Zusatzprotokoll erkennen Sie, dass der Posten 2.142 € mit einer Zahlsperre versehen ist. Vorausgesetzt, der Grund ist weggefallen, kann – wie in Abbildung 6.30 dargestellt – die Zahlsperre entfernt werden.

113

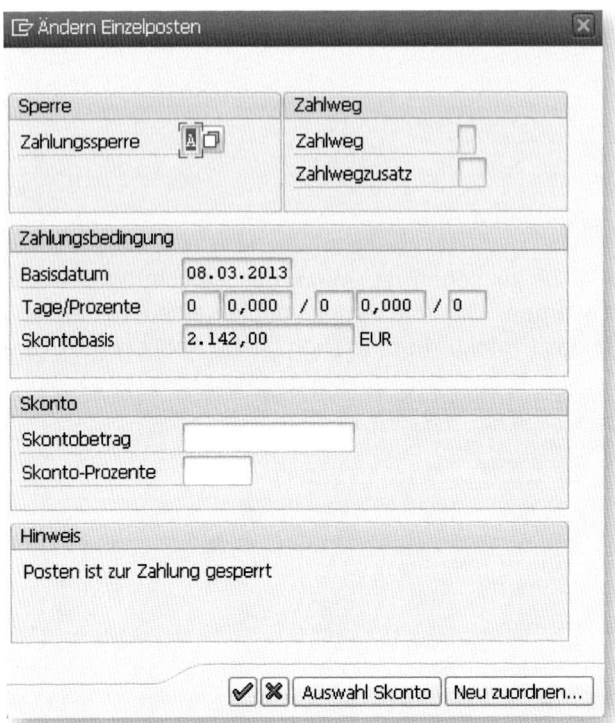

Abbildung 6.30: Ändern Einzelposten

Anzumerken bleibt noch, dass nicht jeder Sachbearbeiter die Rechte besitzt, Belege in diesem Umfang zu ändern.

Sobald alles überprüft und Fehler korrigiert oder fehlende Angaben hinterlegt wurden, kann der Zahllauf ausgeführt werden. Zu beachten ist hierbei, dass sowohl der Ausgleichsbeleg für die Buchhaltung als auch Zahlungsträger (bzw. Vorgang) parallel erstellt werden.

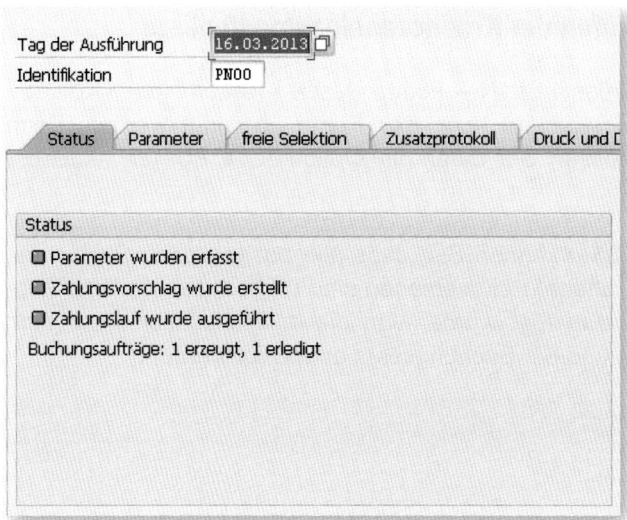

Abbildung 6.31: Zahllauf wurde durchgeführt

Abbildung 6.31 zeigt einen erfolgreich durchgeführten Zahllauf und Abbildung 6.32 das Zusatzprotokoll, aus dem auch die Buchungsbelege ersichtlich sind.

Job-Log Uebersicht für Job: F110-20130316-PN00 / 13433500

Datum	Uhrzeit	Nachrichtentext	N-Klasse	N-Nummer	N-Typ
16.03.2013	13:43:35	Job wurde gestartet	00	516	S
16.03.2013	13:43:35	Step 001 gestartet (Programm SAPF110S, Variante 4000000002179, Benutzername NIEMEIER)	00	550	S
16.03.2013	13:43:35	Protokoll zum Zahlungslauf für Zahlung am 16.03.2013, Identifikation PN00	FZ	401	S
16.03.2013	13:43:36	>	FZ	693	S
16.03.2013	13:43:36	> Zusatzprotokoll für Kreditor MÜLLER00 Buchungskreis 1000	FZ	691	S
16.03.2013	13:43:36	>	FZ	693	S
16.03.2013	13:43:36	> ——————— Zusatzprotokoll Buchungsbelege	FZ	798	S
16.03.2013	13:43:36	> Währungen in Zeile 1: EUR / EUR Währungen in Zeile 2: EUR / USD	FZ	747	S
16.03.2013	13:43:36	> Beleg 2000000000 Buchungskreis 1000 Währung EUR Zahlweg U	FZ	741	S
16.03.2013	13:43:36	> Pos Bs Konto_____ MK _____Betrag_____Steuer	FZ	743	S
16.03.2013	13:43:36	>	FZ	744	S
16.03.2013	13:43:36	> 001 25 MÜLLER00 3.570,00 0,00	FZ	744	S
16.03.2013	13:43:36	> 3.570,00 0,00 4.605,30 0,00	FZ	744	S
16.03.2013	13:43:36	> 002 50 0000113102 3.570,00 0,00	FZ	744	S
16.03.2013	13:43:36	> 3.570,00 0,00 4.605,30 0,00	FZ	744	S
16.03.2013	13:43:36	>	FZ	744	S
16.03.2013	13:43:36	Ende des Protokolls	FZ	398	S
16.03.2013	13:43:36	Job wurde beendet	00	517	S

Abbildung 6.32: Zusatzprotokoll nach einem Zahllauf

6.6.4 Überprüfen der Kreditoreneinzelpostenliste

Mit der Transaktion FBL1N – FINANZWESEN • KREDITOREN • KONTO • POSTEN ANZEIGEN/ÄNDERN kann das Konto überprüft werden. Beim Einstiegsbild müssen Sie dafür die Option ALLE POSTEN ANZEIGEN wählen.

In Abbildung 6.33 erkennen Sie, dass alle ausgeglichenen Posten mit einem grünen (runden) Feld versehen sind und ein zehnstelliger Ausgleichsbeleg hinzugefügt wurde. Von dieser Transaktion kann zum Beleg verzweigt und der Buchungssatz angezeigt werden.

		Kreditor	MÜLLER00							
		Buchungskreis	1000							
		Name	Müller GmbH							
		Ort	Berlin							

	St	Zuordnung	Belegnr	Belegart	Belegdatum	S	Fä	Betr. in HW	HWähr	Ausgl.bel.	Text
	●		1900000000	KR	15.03.2013			11.900,00-	EUR		Einkauf Papier
	●		1900000001	KR	15.03.2013			4.760,00-	EUR		
	●		1900000002	KR	15.03.2013			2.975,00-	EUR		
	●		1900000003	KR	01.02.2013			1.785,00-	EUR		
*	●							21.420,00-	EUR		
	◻		1900000004	KR	08.03.2013			2.142,00-	EUR	2000000000	
	◻		1900000005	KR	14.03.2013			1.428,00-	EUR	2000000000	
	◻		2000000000	ZP	16.03.2013			3.570,00	EUR	2000000000	
*	◻							0,00	EUR		
**		Konto MÜLLER00						21.420,00-	EUR		

Abbildung 6.33: Personenkonto Müller00 nach dem Zahllauf

6.7 Integration mit der Materialwirtschaft

Ein Geschäftsprozess in der Materialwirtschaft erfolgt von der Bestellanforderung über Bestellung, Wareneingang bis hin zum Zahlungsausgang. Bei diesem Prozess sind mehrere Abteilungen involviert. Entlang der Prozesskette erfolgen die entsprechenden Buchungen der Kreditorenabteilung verdeckt. Abbildung 6.34 stellt die jeweilige Prozesskette in den SAP-Modulen MM und FI gegenüber. Sie können bei der Bestellung gut erkennen, dass nicht immer ein MM-Vorgang direkt auch einen Buchhaltungsbeleg zur Folge hat.

Abbildung 6.34: Integration mit der Materialwirtschaft

6.7.1 Bestellanforderung und Bestellung

Ein Bestellprozess beginnt mit einer Bestellanforderung (BANF). Der interne Genehmigungsprozess sorgt für Klarheit und Transparenz, denn bevor die Bestellung zum Lieferanten kommt, wird durch ein Vier-Augen- oder gar Sechs-Augen-Prinzip die Bestellung genehmigt und genau definiert, zu welchem Preis eine Ware oder Dienstleitung eingekauft wird. Dieser Vorgang findet in der Finanzbuchhaltung keinen Niederschlag.

Zusätzlich ermöglicht die BANF den übrigen angeschlossenen Abteilungen Controlling und Treasury, einen Überblick über die zu erwartenden Kosten bzw. Mittelabflüsse zu bekommen.

6.7.2 Wareneingang

Dadurch, dass der Prozess *Bestellung* mit einer BANF beginnt, ist die Ware nicht nur mit der genauen Menge bekannt, sondern es liegt auch ein genauer Wert der Ware vor. Oft sind Rechnungseingang und Wareneingang zeitlich getrennt oder erfolgen gar an unterschiedli-

117

chen, räumlich weit auseinander liegenden Orten. Dies hat zur Folge, dass beide Vorgänge im System gesondert zu erfassen sind. In diesem Fall ist auch die Buchhaltung involviert. Die Ware wird mengenmäßig in der Lagerbuchhaltung erfasst und wertmäßig in der Buchhaltung. Die Buchung erfolgt auf einem Konto im Anlage- oder Umlaufvermögen im Soll. Es fehlt ein Gegenkonto. Dazu wird das Konto »Wareneingang/Rechnungseingang« eingeführt. Das *WE/RE-Konto* ist ein Zwischen-(Interims-)Konto, dessen einzige Funktion darin besteht, den Buchungssatz zu ermöglichen.

6.7.3 Rechnungseingang

Die Rechnungsprüfung obliegt wiederum dem Einkauf. In dieser Abteilung werden nach erfolgter Prüfung die Eingangsrechnung erfasst und eine Buchung ausgelöst. Auch jetzt wird als Gegenkonto das We/Re-Konto genommen. Dies verdeutlicht den großen Vorteil dieser Vorgehensweise, denn unabhängig vom anderen Vorgang erfolgt eine Erfassung. Zusammengefasst sieht der Gesamtvorgang dann wie folgt aus: Zunächst trifft die Ware ein. Hierfür wird der folgende Buchungssatz gebildet:

1.	Bestandskonto Material	an	WE/RE

Danach trifft die Rechnung des Lieferanten ein.

2.	WE/RE	an	Verbindlichkeit

Das WE/RE-Konto sollte nach den beiden Buchungen ausgeglichen sein.

6.7.4 Buchungsbeispiel WE/RE-Konto

Der folgende Geschäftsvorfall »Einkauf von Rohstoffen« verdeutlicht die vorab beschriebenen Zusammenhänge. Dabei sollen Lieferung und Rechnungseingang zu unterschiedlichen Zeiten passieren.

1. Lieferung der bestellten Rohstoffe für 10.000 € plus Umsatzsteuer 1.900 € vom Lieferanten Müller00 am 12.04.2013.

2. Rechnungseingang am 15.04.2013.

1. Rohstoffe	an	Wareneingang/ Rechnungseingang	10.000

Soll	Rohstoffe		Haben
1. We/Re	10.000		

Soll	Wareneingang/Rechnungseingang		Haben
		1. Rohstoffe	10.000

Abbildung 6.35: Buchungssatz bei der Lieferung

Bei der Lieferung wird wie in Abbildung 6.35 gebucht. Abbildung 6.36 wiederum zeigt den Buchungssatz bei Rechnungseingang. Es ist zu beachten, dass erst, wenn Ware und Rechnung vorliegen, die Vorsteuer gezogen werden darf.

Nr.	Sollkonto	Betrag	Habenkonto	Betrag
2.	Wareneingang/ Rechnungseingang	10.000		
	Vorsteuer	1.900	Müller00	11.900

Soll	Wareneingang/Rechnungseingang		Haben
2. Müller00	10.000	1. Rohstoffe	10.000

Soll	Vorsteuer		Haben
2. Vorsteuer	1.900		

Soll	Müller00		Haben
		2. We/Re/VoSt	11.900

Abbildung 6.36: Buchungssatz bei Rechnungseingang

Natürlich kann es auch vorkommen, dass zuerst die Rechnung im Haus ist, z. B., wenn die Ware per Schiff kommt und die Rechnung per Luftpost zugesendet wird. In diesem Fall wird zuerst der Kreditor gebucht und anschließend der Wareneingang. Die Vorsteuerbuchung findet dann bei der zweiten Buchung statt.

Aufgaben Kreditorenbuchhaltung

 Zur Wiederholung und Vertiefung des Themas können Aufgaben aus dem Anhang bearbeitet werden. Es sind die Abläufe auszuführen, die in einer Kreditorenbuchhaltung tagtäglich üblich sind.

120

7 Debitorenbuchhaltung

In der Debitorenbuchhaltung werden alle Verkaufsvorgänge erfasst. Hier findet die Überwachung der Zahlungseingänge statt, die wiederum zum Ausgleich der offenen Posten führen. Sofern das Zahlungsziel bei einem offenen Posten überschritten ist, kann auch hier gemahnt werden.

Der bei einem Verkauf von Fertigprodukten anfallende Geschäftsvorfall sowie die dazugehörige Zahlung bilden die wesentlichen Buchungen in der Debitorenbuchhaltung. Auf den nächsten Seiten möchte ich das am folgenden Beispiel näher ausführen:

1. Verkauf von hergestellten Produkten in Höhe von 100.000 € zuzüglich 19.000 € Umsatzsteuer an Debitor Oskar00.

2. Ausgleich per Banküberweisung unter Abzug von 3 % Skonto.

Nr.	Sollkonto	Betrag	Habenkonto	Betrag
1.	Oskar00	119.000		
			Umsatzerlöse	100.000
			Umsatzsteuer	19.000

Soll	Oskar00		Haben
1. Erlöse/Ust	119.000		

Soll	Umsatzerlöse		Haben
		1. Oskar00	100.000

Soll	Umsatzsteuer		Haben
		1. Oskar00	19.000

Abbildung 7.1: Buchungssatz beim Verkauf

In Abbildung 7.1 ist der Buchungssatz für den Verkaufsvorgang dargestellt. Abbildung 7.2 zeigt den Buchungssatz beim Eingang der Zahlung unter Abzug von Skonto.

Nr.	Sollkonto	Betrag	Habenkonto	Betrag
2.	Bank	115.430		
	Gewährte Skonti	3.000		
	Umsatzsteuer	570		
			Oskar00	119.000

Soll	Oskar00			Haben
1. Erlöse/Ust	119.000	2. Bank etc.		119.000

Soll	Bank		Haben
2. Oskar00	115.430		

Soll	Umsatzsteuer			Haben
2. Oskar00	570	1. Oskar00		19.000

Soll	Gewährte Skonti		Haben
2. Oskar00	3.000		

Abbildung 7.2: Buchungssatz bei der Banküberweisung unter Abzug von Skonto

Das Einräumen von Skonto stellt eine Erlösschmälerung dar. Die Ware wurde zu einem geringeren Preis verkauft als ursprünglich gebucht. Somit müssen sowohl das Konto »Umsatzerlöse« als auch die Umsatzsteuer berichtigt werden. Dabei werden üblicherweise die gewährten Skonti auf einem eigenen Konto erfasst.

Es können sich auch noch andere Erlösschmälerungen ergeben, wie zum Beispiel durch Rücksendung der Ware oder aufgrund einer Mängelrüge wegen beschädigter Ware. In beiden Fällen müssen ebenfalls Umsatzerlös und Umsatzsteuer korrigiert werden.

Bei der Rücksendung von Waren wird in einigen Buchhaltungen direkt das Konto »Umsatzerlöse« im Soll angesprochen und so der ursprüngliche Umsatz korrigiert, wohingegen Gutschriften aufgrund einer Mängelrüge auf einem getrennten Konto erfasst werden.

7.1 Stammdaten Debitoren

Die Stammdaten der Debitoren sind wie in Abbildung 7.3 aufgebaut.

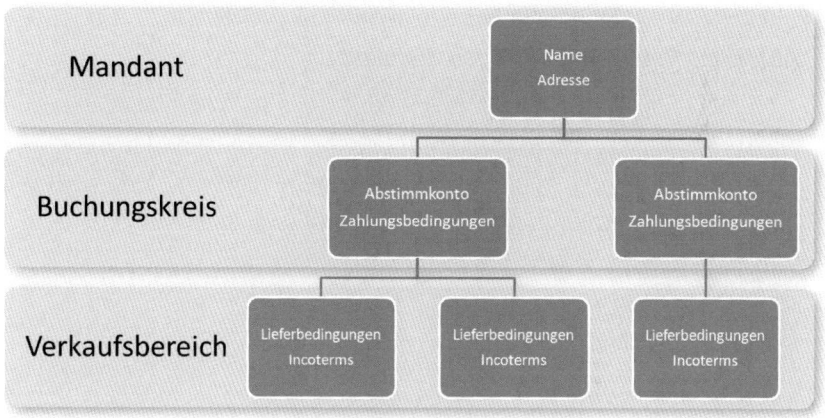

Abbildung 7.3: Debitorenstammdatensatz

Ein vollständiger Debitorenstammdatensatz besteht aus drei Teilen: Der allgemeine Teil existiert pro Mandant nur einmal und beinhaltet den Namen sowie die Adresse des Debitors. Im Buchungskreissegment sind zusätzliche Informationen über das Abstimmkonto und die Zahlungsbedingungen hinterlegt. Für jeden Buchungskreis, der dieses Personenkonto bebuchen möchte, muss ein Buchungskreissegment vorhanden sein.

Die allgemeinen Daten bilden zusammen mit den Buchungskreisdaten ein vollständiges Personenkonto. Sofern das Unternehmen eine Verkaufsabteilung unterhält, kann für diese noch ein weiteres Segment angefügt werden, in dem u. a. Daten über die Lieferbedingungen gespeichert werden.

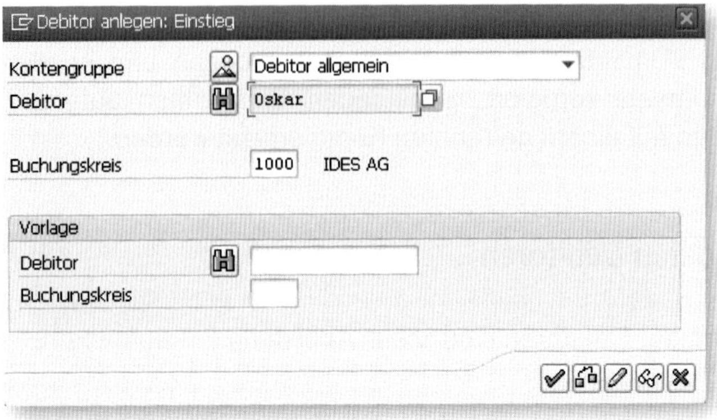

Abbildung 7.4: Debitor anlegen: Einstieg

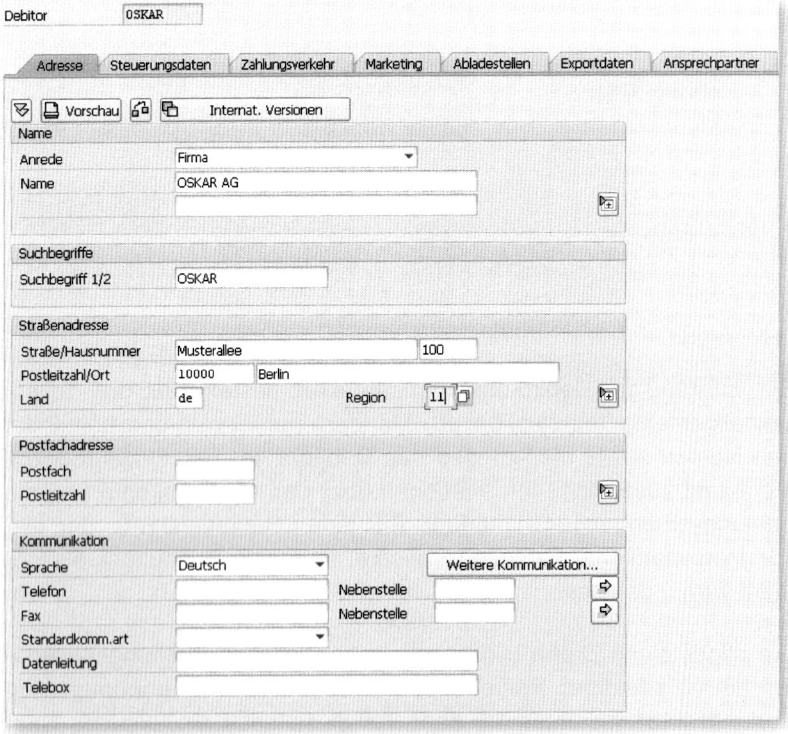

Abbildung 7.5: Debitor anlegen: allgemeine Daten

7.2 Pflege der Debitorenstammdaten

Der Pfad zum Anlegen eines neuen Stammdatensatzes lautet FD01 –
RECHNUNGSWESEN • FINANZWESEN • DEBITOREN • STAMMDATEN • AN-
LEGEN.

Durch die Kontengruppe wird bestimmt, ob eine interne oder externe
Nummernvergabe erfolgt. *Debitor allgemein* erlaubt eine externe
alphanumerische Nummerierung (siehe Abbildung 7.4).

Zuerst werden unter ADRESSE die allgemeinen Daten ausgefüllt (siehe Abbildung 7.5).

Nachdem die allgemeinen Daten gepflegt sind, kann anschließend zu
den Buchungskreisdaten verzweigt werden. Dort zeigt Abbildung 7.6,
dass für eine Kontoführung zunächst das Feld für das Abstimmkonto
ausgefüllt werden muss. Das Abstimmkonto *140000 Forderungen
aus Lieferung und Leistung* steht in der Bilanz und nimmt alle Salden
der Debitorenkonten auf.

Abbildung 7.6: Debitor anlegen: Kontoführung

Abbildung 7.7 zeigt die Auswahlpunkte für den Zahlungsverkehr. Das Feld ZAHLUNGSBEDINGUNGEN übernimmt die jeweiligen Skontofristen, die dem Debitor eingeräumt werden. Ebenso kann dem Debitor eine TOLERANZGRUPPE zugeordnet werden. Sofern der Debitor ein Mandat (Einzugsermächtigung) erteilt hat, kann im Feld ZAHLWEGE der entsprechende Vermerk erfolgen. Mit der Transaktion F110 ZAHLEN werden sowohl Überweisungen für die Kreditoren als auch der Einzüge für die Debitoren durchgeführt.

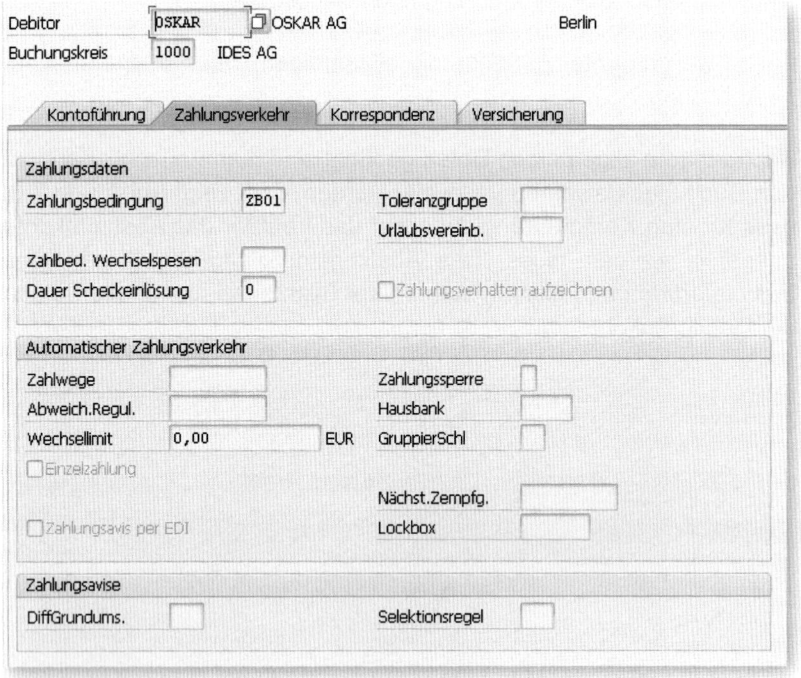

Abbildung 7.7: Debitor anlegen: Zahlungsverkehr

Sofern der Debitor am Mahnverfahren teilnehmen soll, muss ein entsprechender Eintrag erfolgen (siehe Abbildung 7.8). Im Mahnverfahren wird entschieden, in welchem Rhythmus der Debitor gemahnt wird. Dies kann vierzehntägig sein oder auch nur einmal im Monat.

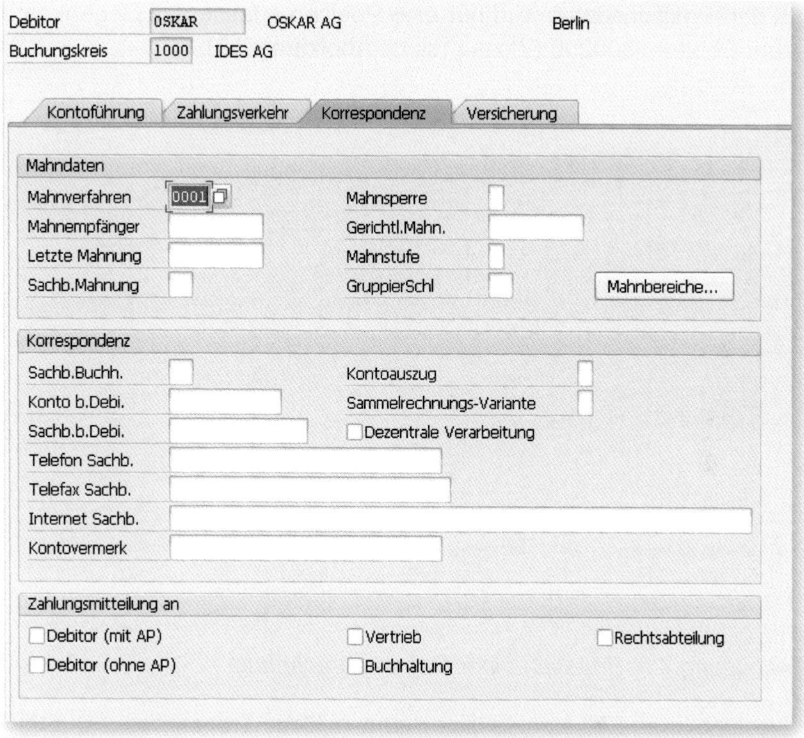

Abbildung 7.8: Debitor anlegen: Korrespondenz

7.3 Buchen

Die Einbildtransaktion findet sich unter FB70 – RECHNUNGSWESEN •
FINANZWESEN • DEBITOREN • BUCHUNG • RECHNUNG. Das Gegenkonto
ist in den meisten Fällen »800200 Umsatzerlös«. Zuerst geben Sie
die Grunddaten ein. Gegebenenfalls können in der Rubrik ZAHLUNG
spezielle, nur für diesen Beleg gültige Bedingungen erfasst werden.
Zu diesem Zweck ändern Sie die Zahlungsbedingung. In den
Stammdaten steht »ZB01« und das wird überschrieben mit
ZB00 Zahlung sofort.

In den Positionsdaten wird nur eine Position erfasst: das Gegenkonto zum Debitor »800200 Erlöse« (siehe Abbildung 7.9).

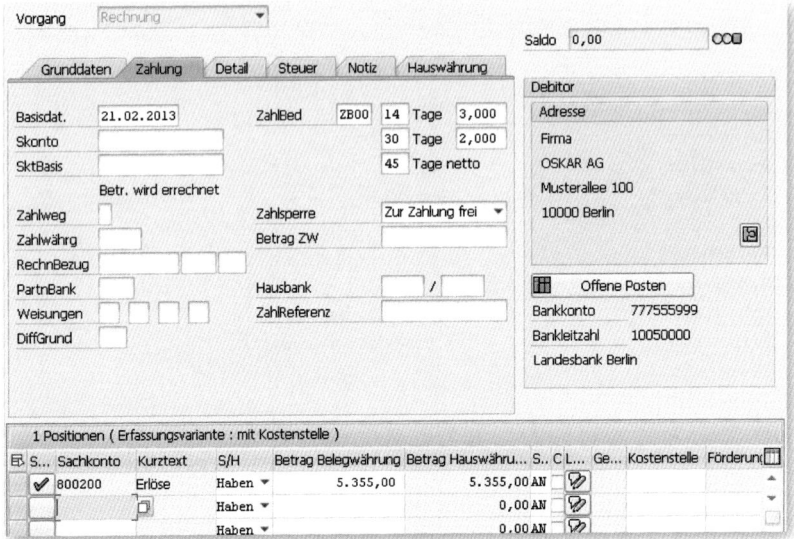

Abbildung 7.9: Erfassen einer Debitorenrechnung

Die Debitoren-Einzelpostenliste kann mit der Transaktion FBL5N – POSTEN ANZEIGEN/ÄNDERN unter dem Menüpunkt KONTO angeschaut werden. Abbildung 7.10 zeigt die Buchung, und am roten Statusfeld erkennen Sie, dass die Position noch offen ist.

```
Debitor            OSKAR
Buchungskreis      1000

Name               OSKAR AG
Ort                Berlin
```

	St	Belegart	Belegdatum	Nettofäll.	Ausgleich	Betr. in HW	HWähr	Belegnr
	●	DR	21.02.2013	21.02.2013		5.355,00	EUR	1800000000
*	●					5.355,00	EUR	
** Konto OSKAR						5.355,00	EUR	

Abbildung 7.10: Offene Posten: Konto Debitor

7.4 Zahlungseingang

Die meisten Vorgänge in der Bankbuchhaltung sind Zahlungseingänge von Kunden und Zahlungsausgänge an Lieferanten. Üblicherweise werden die Bankumsätze automatisch eingelesen und auch auf den entsprechenden Konten mit dem offenen Posten ausgeglichen.

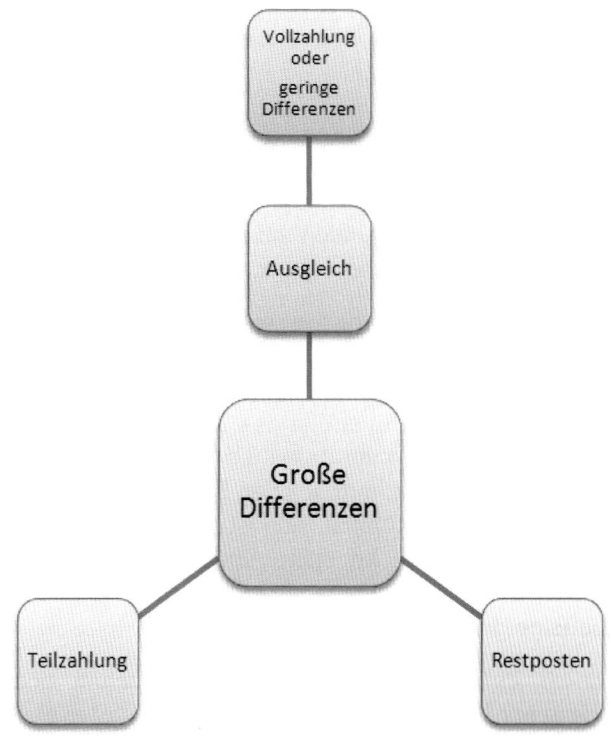

Abbildung 7.11: Zahlungseingang

Bei *Vollzahlungen* (siehe Abbildung 7.11) gibt es selten Probleme, da das System den Betrag vergleichen kann, auch wenn abzüglich Skonto bezahlt wird. Bei mehreren Beträgen abzüglich Skonto wird es schon schwieriger, aber auch dort kann das System einen Ausgleich vorschlagen.

Bei *Minderzahlungen innerhalb der Toleranzen* bucht das System den Minderbetrag auf vorgesehene Konten im Erlösbereich (z. B.: gewährter Skonto, Erlösminderung etc.) im Soll aus und korrigiert die Umsatzsteuer gemäß § 17 UStG (Änderung der Bemessungsgrundlage).

Bei *Minderzahlungen oberhalb der Toleranzen* bietet SAP die Möglichkeit, sich zwischen zwei Verfahren zu entscheiden: Zum einen kann eine Teilzahlung gebildet werden, die einem Posten zugeordnet wird, aber den Posten nicht ausgleicht. Zum anderen kann ein Restposten gebildet werden, der den ursprünglichen Posten ausgleicht und einen neuen offenen Posten einstellt.

Wird als letzte Variante zwar der Debitor gefunden, aber kein zugehöriger Betrag ausgemacht, kann die Zahlung auch als *Akontozahlung* betrachtet werden, ohne dass eine Auszifferung stattfindet. In diesem Falle ist es unumgänglich, auf den Kunden zuzugehen und den Ausgleich bei Bedarf manuell vorzunehmen.

7.5 Mahnverfahren

Das kaufmännische Mahnverfahren verfolgt das Ziel, den Schuldner zu einem Ausgleich zu bewegen, ohne dabei die Gerichte bemühen zu müssen – wenn auch bei einem hartnäckigen Schuldner am Ende das gerichtliche Mahnverfahren unumgänglich ist. Bis dahin wird der Schuldner in steigender Intensität an seine Verpflichtung erinnert. *Erinnerung* nennt sich auch oft das erste Schreiben. Üblicherweise beschreitet der Gläubiger folgenden Weg:

1. Erinnerung durch Zusendung einer Rechnungsabschrift oder eines Kontoauszugs.

2. Mahnbrief mit Hinweis auf Fälligkeit der Schuld und Aufforderung zur Zahlung.

3. Ankündigung des Einzugs durch ein Inkassoinstitut.

4. Abtretung an ein Inkassoinstitut.

5. Letzte Mahnung unter Androhung gerichtlicher Maßnahmen.

Jedes Unternehmen kann sich aber für einen davon abweichenden Weg entscheiden. SAP unterstützt bis zu neun Mahnstufen. Es gibt allerdings keine Vorschrift, vorab zu mahnen. Sofern die Rechnung mit einem Fälligkeitstermin ausgestattet ist, kann sofort und ohne weitere Ankündigung das gerichtliche Mahnverfahren beantragt werden. Wobei allein um den Kunden nicht zu verärgern (und aus Höflichkeit), zumindest ein Erinnerungsschreiben in der Praxis üblich ist.

7.6 Mahnfunktionen

Neben dem Einzelmahnen stellt SAP eine Funktion zur Verfügung, die alle offenen Posten analysiert und überfällige Posten zur Mahnung anzeigt. In Abbildung 7.12 ist die Reihenfolge der Mahnfunktionen durch das SAP-System erkennbar. In Abhängigkeit vom Mahnverfahren werden in festgelegten Perioden (wöchentlich, vierzehntägig) die Debitoren-Konten untersucht und gegebenenfalls Mahnungen erstellt. Dabei werden automatisch die Mahngebühren ermittelt und sowohl im Beleg als auch im Konto die jeweilige Mahnstufe festgehalten.

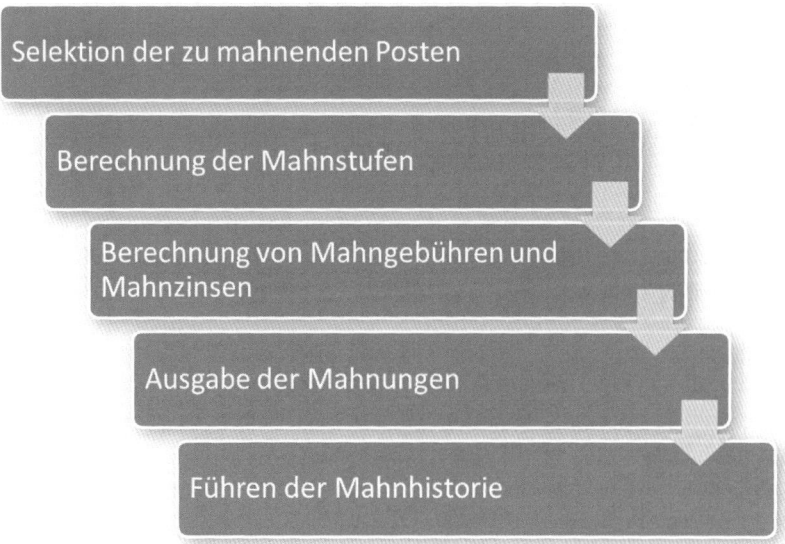

Selektion der zu mahnenden Posten

Berechnung der Mahnstufen

Berechnung von Mahngebühren und Mahnzinsen

Ausgabe der Mahnungen

Führen der Mahnhistorie

Abbildung 7.12: Mahnfunktionen

7.7 Parameter pflegen

Unter dem Pfad FINANZWESEN • DEBITOREN • PERIODISCHE ARBEITEN • MAHNEN findet sich die Transaktion F150 zum automatischen Mahnen. Bevor die Parameter gepflegt werden können, muss durch die Felder DATUM und IDENTIFIKATION eine eindeutige Kennung für den Mahnlauf vergeben werden. Wenn die Registerkarte STATUS anzeigt: »Noch keine Parameter gepflegt«, wählen Sie die Registerkarte PARAMETER und füllen sie aus (siehe Abbildung 7.13).

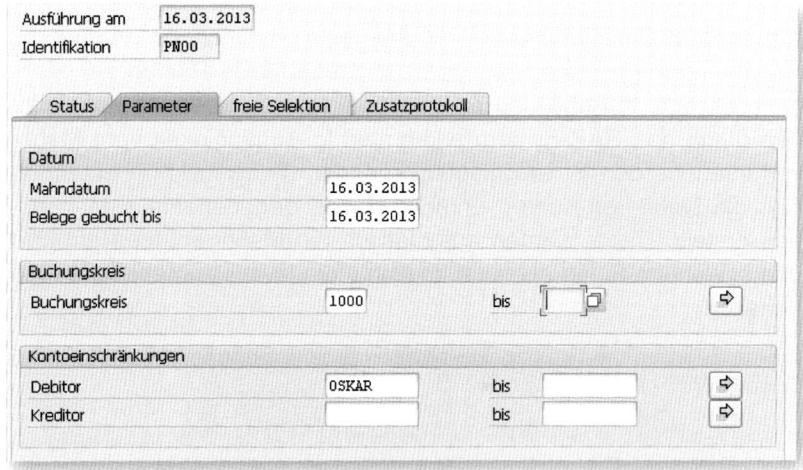

Abbildung 7.13: Parameter pflegen

Das Datum im Feld MAHNDATUM erscheint auf den Mahnbriefen. Alle Belege, die bis zum Datum im Feld BELEGE GEBUCHT BIS vorhanden sind, werden auf Fälligkeit überprüft.

Kehren Sie zurück zur Registerkarte STATUS und drücken Sie den Button ⊕ Einplanen. Mit dem Dialog aus Abbildung 7.14 wird der Startzeitpunkt festgelegt. Hier können Sie auch einen Drucker angeben. Ist der Drucker direkt mit dem PC verbunden, so kann »LPT 1« eingegeben werden. Soll ein im LAN eingebundener Drucker verwendet werden, muss die Einstellung »LOCL« gewählt werden.

Einheitliches Mahnverfahren

 Für das Mahnwesen können auch mehrere Buchungskreise gleichzeitig eingeschlossen werden. So ist ein konzernweites einheitliches Mahnverfahren möglich. Sowohl Debitoren als auch Kreditoren können gemahnt und mit der Mehrfachselektion Intervalle eingebunden werden. Das Zusatzprotokoll umfasst in diesem Fall nur einen Kreditor und ist keine Pflichtangabe.

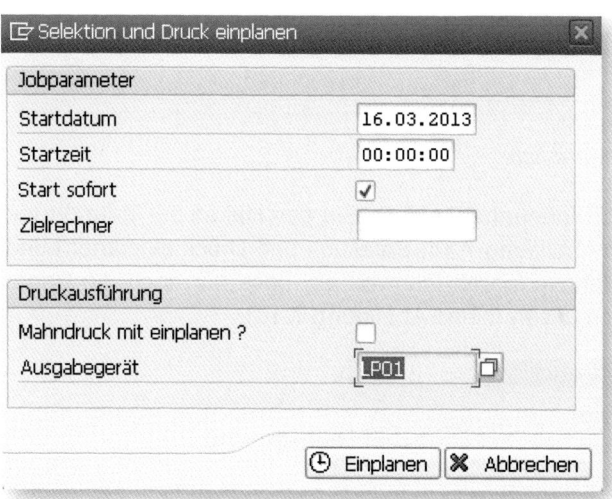

Abbildung 7.14: Selektion und Druck einplanen

Als Ergebnis werden eine Mahnliste und ein Mahnprotokoll ausgegeben. Sollte die Liste nicht Ihren Vorstellungen entsprechen, können Sie im Protokoll nach dem Fehler suchen. Nachdem dieser bereinigt wurde, kann mit LÖSCHEN der Mahnlauf entfernt und noch einmal neu gestartet werden.

Mahnbestand

I◀ ◀ ▶ ▶I &Texte anzeigen   🔍 🔒 ▽ ▼ 🗒 🗊 🔀 🔀 🔀 🔀 Auswählen   ℹ️

```
IDES AG                     Mahnliste              Zeit 18:00:41    Datum 16.03.2013
Frankfurt          Mahnlauf  16.03.2013/PN00       RFMAHN21/NIEMEIER Seite          1

Adresse                     K Konto
Adresse          Mahnber.   Mahnstufe
Adresse                                                     Fällige Posten Währg
Belegnr    Jahr Pos Ar BS Fällig am  MS Verz   Betrag in FW Währg Soll-/Haben-Betrag HWähr

OSKAR AG                     D OSKAR
Musterallee 100                     1
10000 Berlin                                                  5.355,00  EUR
1800000000 2013   1 DR 01 21.02.2013  1   23      5.355,00  EUR       5.355,00  EUR

* Summe

                                                              5.355,00  EUR
                                          5.355,00  EUR       5.355,00  EUR

** Summe

                                                              5.355,00  EUR
                                          5.355,00  EUR       5.355,00  EUR
```

Abbildung 7.15: Mahnliste

Ist alles zu Ihrer Zufriedenheit, setzen Sie den Haken bei MAHNDRUCK MIT EINPLANEN (in Abbildung 7.14: Selektion und Druck einplanen) und schließen das Mahnverfahren insoweit ab, dass nur noch die Briefe gedruckt werden müssen (siehe Abbildung 7.16).

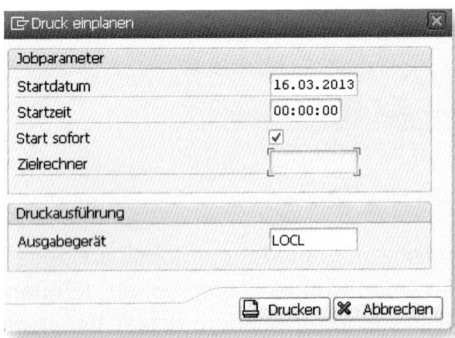

Abbildung 7.16: Druck einplanen

Über das Menü SYSTEM • DIENSTE • AUSGABENSTEUERUNG wird eine Maske erreicht, die alle Spool-Aufträge mit den gewünschten Auswahlkriterien anzeigt.

IDES Holding AG, Postfach 16 05 29, D-60070 Frankfurt/M

1. Mahnung

Firma
OSKAR AG
Musterallee 100
10000 Berlin

Datum
16.03.2013
Unser Sachbearbeiter

Telefon

Telefax

Ihr Konto bei uns
OSKAR

Berücksichtigt sind Buchungen bis einschl.
16.03.2013

Sehr geehrte Damen und Herren,

nachstehend aufgeführte Rechnungen sind zur Zahlung fällig.

Sollten Sie die fälligen Beträge inzwischen zur Zahlung angewiesen haben, bitten wir Sie, dieses Schreiben als gegenstandslos zu betrachten.

Mit freundlichen Grüßen

IDES AG

Beleg	Datum	Währg	Betrag	Fälligkeit	Verzug	M
1800000000	21.02.2013	EUR	5.355,00	21.02.2013	23	1
Mahngebühr		EUR	2,50			
Summe fälliger Posten		EUR	5.357,50			
Saldo des Kontos		EUR	5.355,00			

Friedrich-Wagner-Straße 16 · D-60318 Frankfurt/M · Postfach 16 05 29 D-60070 Frankfurt/M · Telefon (0 69) 99-0 · Telefax (0 69) 99 12 77 · Internet: IDESAG@SAP-AG.COM
Volksbank Frankfurt · (BLZ 699 922 99) 50 4999 09 SWIFT DXXX DE 6K · Postbank Karlsruhe · (BLZ 660 900 99) 999 366-999
Dresdner Bank Frankfurt · (BLZ 699 900 99) 49999 111 00 SWIFT DRES DE FF699 · Deutsche Bank Hamburg (BLZ 699 700 99) 099 55555 SWIFT DEUT DE SM 699
Vorstand: Thomas Schmidt · Sharon Bishop · Chantal Willemin · Sigeruh Takahashi · Registergericht Frankfurt/M HRB 999-WWW

Abbildung 7.17: 1. Mahnung

Die Daten des Mahnlaufes werden im offenen Posten und im Stamm-datensatz gespeichert. Dabei werden automatisch das Datum der letzten Mahnung und die Mahnstufe gesetzt (siehe Abbildung 7.18).

| Debitor | OSKAR | OSKAR AG | Berlin |
| Buchungskreis | 1000 | IDES AG | |

Kontoführung / Zahlungsverkehr / Korrespondenz / Versicherung

Mahndaten

Mahnverfahren	0001	Mahnsperre	
Mahnempfänger		Gerichtl.Mahn.	
Letzte Mahnung	16.03.2013	Mahnstufe	1
Sachb.Mahnung		GruppierSchl		Mahnbereiche...

Korrespondenz

Sachb.Buchh.		Kontoauszug	
Konto b.Debi.		Sammelrechnungs-Variante	
Sachb.b.Debi.		Dezentrale Verarbeitung	
Telefon Sachb.			
Telefax Sachb.			
Internet Sachb.			
Kontovermerk			

Zahlungsmitteilung an

| Debitor (mit AP) | Vertrieb | Rechtsabteilung |
| Debitor (ohne AP) | Buchhaltung | |

Abbildung 7.18: Mahnstufe und Mahndatum in den Stammdaten

Das Mahnverfahren bestimmt einerseits das Intervall der Mahnung und andererseits, ob das Konto oder die einzelnen Belege gemahnt werden. Bei Kunden, die täglich eine Rechnung bekommen, wäre es nicht sinnvoll, auch täglich eine Mahnung zu senden. Ob die Ge-schäftsbeziehung bei einem säumigen Kunden weiter aufrechterhal-ten wird, muss an anderer Stelle geklärt werden.

Darüber hinaus befinden sich auf einem Konto sowohl fällige als auch nicht fällige Belege. Somit ist vorab der Mahnrhythmus festzulegen (wöchentlich, vierzehntägig, monatlich) und, ob das Konto oder einzelne Belege gemahnt werden sollen. Es ist auch denkbar, dem Kunden grundsätzlich einen Kontoauszug zuzusenden und zu vermerken welche der Posten fällig sind. Zusätzlich zum Stammdatensatz wird auch der einzelne Beleg mit den Mahndaten gepflegt, wie in Abbildung 7.19 zu sehen.

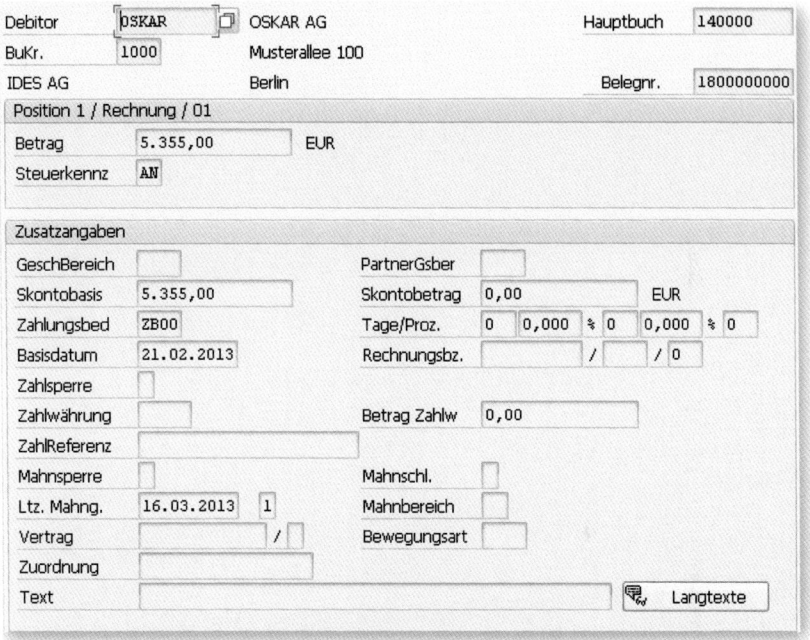

Abbildung 7.19: Mahnstufe und Mahndatum im Beleg

Aufgaben Debitorenbuchhaltung

 Wie bereits in den anderen Kapiteln kennengelernt, möchte ich auch an dieser Stelle auf den Anhang verweisen. Dort finden Sie korrespondierende Übungsaufgaben zur Debitorenbuchhaltung.

8 Anlagenbuchhaltung

Alle Gegenstände, die dazu bestimmt sind, dem Geschäftsbetrieb dauerhaft zu dienen, sind dem Anlagevermögen zuzuordnen. Dies kann bei einer Nutzungsdauer von länger als einem Jahr unterstellt werden. Bei Vermögensgegenständen, deren Nutzung zeitlich begrenzt ist, sind die Anschaffungs- oder die Herstellungskosten um planmäßige Abschreibungen zu vermindern. Da grundsätzlich das Prinzip der Einzelbewertung vorliegt, muss jeder einzelne Vermögensgegenstand getrennt erfasst werden. Das SAP-Modul FI-AA unterstützt die Verwaltung und Überwachung des gesamten Anlagevermögens.

Abschreibung ist der Oberbegriff für alle Formen einer periodengerechten Verteilung der *Anschaffungs- und Herstellungskosten (AHK)* für Vermögensgegenstände, die voraussichtlich länger als ein Jahr im Unternehmen genutzt werden. Die AHK stellen auch gleichzeitig die Höchstgrenze dar, in der die Vermögensgegenstände in der Bilanz jemals erscheinen dürfen.

Als abschreibungsfähig gelten nahezu alle Vermögensgegenstände, die im Anlagevermögen aktiviert sind. Eine der wenigen Ausnahmen ist der Grund und Boden.

Das Handelsrecht bezeichnet die Abschreibung als eine planmäßige Verteilung der AHK über die voraussichtliche Nutzungsdauer eines Vermögensgegenstands des Anlagevermögens, deren Nutzung zeitlich begrenzt ist.

Im Steuerrecht wird aus dem Begriff »Abschreibung« der Begriff *Absetzung für Abnutzung (AfA)*. Das Einkommensteuergesetz (EStG) beschränkt die Freizügigkeit des Handelsrechts auf drei Formen:

▶ lineare AfA (gleiche Beträge) (§ 7 Abs. 1 Satz 1 EStG),

▶ Leistungs-AfA (§ 7 Abs. 1 Satz 6 EStG),

▶ degressive AfA (fallenden Beträge) § 7 Abs. 2 EStG).

8.1 Lineare Abschreibung

Die *lineare AfA* wird als die grundsätzlich anzuwendende Methode anerkannt, die stets dann gilt, wenn keine andere erlaubt ist. Die Berechnung erfolgt, indem die AHK durch die Nutzungsdauer geteilt wird.

Lineare Abschreibung

 Eine Maschine kostet 100.000 €, hat voraussichtlich eine Nutzungsdauer von zehn Jahren, und es ergibt sich ein jährlicher Abschreibungsbetrag von 10.000 €.

Ebenso kann ein Prozentsatz ermittelt werden, indem 100 durch die betriebsübliche Nutzungsdauer geteilt wird: 100 : 10 = 10 %.

Die lineare AfA findet Anwendung bei allen abnutzbaren Wirtschaftsgütern des Anlagevermögens. Insbesondere sind bewegliche Wirtschaftsgüter zu nennen, wie Maschinen, Betriebsvorrichtungen, Einrichtungen und Kraftfahrzeuge. Immaterielle Wirtschaftsgüter sind zwingend linear abzuschreiben, wie Patente, Erfindungen, Rezepte und erworbenes Know-how. Auch einige unbewegliche Wirtschaftsgüter fallen unter diese Vorschrift, wie Außenanlagen, nicht jedoch Gebäude. Hierfür gibt es eine eigene Abschreibungsvorschrift (§ 7 Abs. 4 und 5 EStG).

Eine Besonderheit stellt der sogenannte *Firmen- oder Geschäftswert* dar. Dieser Wert entsteht rein rechnerisch für die über den Buchwerten erworbenen Teile eines Unternehmens. So können beispielsweise der geschaffene Markenname bzw. die Marktposition inkl. Kundendaten mit einem eigenen Wert bemessen werden. Bei Firmenübernahmen wird deshalb oft mehr bezahlt, als die eigentlichen Maschinen und Rohstoffe im Lager wert sind. Dieser nicht materielle Firmen- und Geschäftswert muss bilanziert und linear abgeschrieben werden. Allerdings liegt nach aktuellem Steuerrecht die Nutzungsdauer bei 15 Jahren (§ 7 Abs. 1 Satz 3 EStG).

8.1.1 Abschreibung nach Leistung

Die *Leistungs-AfA* ist eine besondere Form der linearen AfA, ausschließlich bezogen auf bewegliches Anlagevermögen, wobei die AfA-Beträge sich nach Leistungseinheiten ergeben. Dies können gefahrene Kilometer oder auch Maschinenstunden sein. Ihre Anwendung muss allerdings begründet sein. Hierfür können große Schwankungen pro Jahr eine Rechtfertigung liefern.

8.2 Degressive Abschreibung

Nur bei beweglichen Wirtschaftsgütern (Maschinen, Kfz) darf die *degressive AfA* angewendet werden. Die Verteilung der AHK über die betriebsgewöhnliche Nutzungsdauer erfolgt in fallenden Jahresbeträgen. Kennzeichen dieser Abschreibungsmethode ist, dass zu Beginn sehr hohe Beträge abgeschrieben werden, die zum Ende hin stark fallen. Wirtschaftlich wird dies mit einem zum Ende hin steigenden Reparaturaufwand begründet, und sich somit die Aufwendungen (AfA, Reparatur) ausgleichen.

Berechnet wird die AfA nach der geometrisch-degressiven Methode. Im ersten Jahr wird von den AHK ein fester Prozentsatz abgezogen. Das Ergebnis (Buchwert) ist Grundlage für das nächste Jahr, welches wiederum Grundlage für das folgende Jahr ist. Die degressive AfA berechnet sich also immer vom Buchwert des letzten Jahres.

Das Einkommensteuergesetz legt im § 7 Abs. 2 EStG die Höhe des maximalen Prozentsatzes fest und deckelt den Betrag mit einem Vielfachen der linearen AfA.

Aus konjunkturellen Gründen hat der Gesetzgeber die degressive AfA immer wieder verändert. Folgende Aufstellung zeigt die wechselvollen Veränderungen der degressiven AfA:

▶ *Bis zum 31.12.2000* betrug die degressive Abschreibung das Dreifache des linearen AfA-Satzes, höchstens 30 v.H.

▶ *Vom 01.01.2001 bis 31.12.2005* betrug die degressive Abschreibung das Doppelte des linearen AfA-Satzes, höchstens 20 v.H.

▶ *Vom 01.01.2006 bis 31.12.2007* betrug die degressive Abschreibung das Dreifache des linearen AfA-Satzes, höchstens 30 v.H.

▶ Mit dem *Unternehmenssteuerreformgesetz 2008* wurde die degressive Abschreibung abgeschafft. § 7 Abs. 2 und 3 EStG wurden hierfür aufgehoben.

▶ *Ab 01.01.2009* und befristet für zwei Jahre wurde für bewegliche Wirtschaftsgüter des Anlagevermögens (Anschaffung oder Herstellung) die degressive Abschreibung in Höhe des Zweieinhalbfachen der linearen Abschreibung, höchstens 25 % wieder eingeführt. Allerdings konnte die degressive Abschreibung nur bei Anschaffungskosten über 1 000 € genutzt werden, da ansonsten die Regelungen für geringwertige Wirtschaftsgüter und die Bildung von Sammelposten verpflichtend waren. Daneben konnte auch die für zwei Jahre verbesserte *Sonderabschreibung gem. § 7g Abs. 5 EStG* abgezogen werden.

8.3   Beginn und Ende der Abschreibung

Grundsätzlich ist die AfA in dem Monat, in dem die Bedingung für Anschaffung/Herstellung zum ersten Mal erfüllt ist, auch erstmalig zu berechnen. Das ist kein Wahlrecht, sondern es besteht die Pflicht, die AfA zu erfassen.

Abschreibungsbeginn

Eine Maschine wird im Mai geliefert. Es müssen noch umfangreiche Elektronikarbeiten erledigt werden, die sich bis in den Juni ziehen.

Der AfA-Jahresbetrag muss zwingend im Jahr der Anschaffung gezwölftelt werden (§ 7 Abs. 1 Satz 4 EStG). Die frühere Vereinfachungsregel gemäß R 44 Abs. 3 EStR a.F. ist außer Kraft gesetzt worden. Durch diese Richtlinie erlaubte die Finanzverwaltung bei Anschaffung/Herstellung im ersten Halbjahr die volle AfA und die halbe AfA bei Anschaffung/Herstellung in der zweiten Jahreshälfte.

Abschreibung im Anschaffungsjahr

Eine Maschine ist im Oktober '01 für 38.880 € mit einer Nutzungsdauer von sechs Jahren angeschafft worden. Bei linearer AfA ergibt sich pro Jahr ein Betrag von 6.480 €. Für '01 darf nur der Betrag von 6.480 : 12 * 3 = 1.620 € angesetzt worden. Dies gilt bei degressiver AfA ebenso.

Zur Bestimmung der Nutzungsdauer muss die amtliche AfA-Tabelle herangezogen werden, in der die betriebsgewöhnliche Nutzungsdauer aufgeführt ist. Da die Finanzverwaltung sich danach richtet, ist es ratsam, die enthaltenen Angaben ebenso zu verwenden. Eine Abweichung bedarf der Begründung, die etwa beim Mehrschichtbetrieb durch eine stärkere Inanspruchnahme der Maschine durchaus Erfolg versprechend erscheint.

Das Ende der AfA ist erreicht, sobald das Wirtschaftsgut aus dem Betriebsvermögen ausscheidet, sei es durch Verkauf oder Verschrottung. Bei unterjährigem Ausscheiden darf die AfA nur bis zum Verbleib des Wirtschaftsgutes im Unternehmen angesetzt werden. Unangenehmerweise lässt es die Finanzverwaltung offen, ob auf den

Monat des Ausscheidens aus dem Unternehmen gerundet werden kann, oder ob der Zeitraum bis dahin auf den Tag genau ermittelt werden muss.

In der Praxis wird bei Anschaffung oder Herstellung des Vermögensgegenstands der Monat aufgerundet, wohingegen bei Abgang des Vermögensgegenstands abgerundet wird.

8.4 Erinnerungswert

Es ist üblich, die AfA-Reihe nicht bis auf null sinken, sondern bei einem Erinnerungswert enden zu lassen. Obwohl das Wirtschaftsgut schon abgeschrieben ist, befindet es sich noch im Betrieb und wird weiterhin genutzt. Dazu verbleibt das Wirtschaftsgut im Anlagevermögen mit einem kleinen Restwert von z. B. 1 €. Ältere Buchhaltungsprogramme waren sogar auf diesen positiven Wert angewiesen. Dieser war in der Vergangenheit ein Beleg, dass das Wirtschaftsgut tatsächlich noch vorhanden war. In der Zwischenzeit ist dieses nur noch ein Relikt aus den frühen Tagen der IT. Auch ist es nicht ungewöhnlich, bei Maschinen die AfA-Reihe bei dem voraussichtlichen Schrottwert enden zu lassen.

8.5 Anlagevermögen in der Buchhaltung

Sobald ein Vermögensgegenstand genutzt wird, muss AfA gerechnet werden. Das heißt, die erste Buchung ist immer die Erfassung des Vermögensgegenstands in der Finanzbuchhaltung.

8.5.1 Erfassen eines Vermögengegenstands

Eine Drehbank wird am 05.08.2013 für brutto 71.400 €. erworben Nachfolgende Abbildung 8.1 zeigt den entsprechenden Buchungssatz:

Nr.	Sollkonto	Betrag	Habenkonto	Betrag
1.	Maschinen und TA	60.000		
	Vorsteuer	11.400		
			Kreditor	71.400

Abbildung 8.1: Buchung beim Erwerb eines Vermögensgegenstandes

Buchen der Normalabschreibung

Zuerst wird der Jahresbetrag ermittelt, dann die anteilige AfA im Zu-gangsjahr. Bei einer Nutzungsdauer von zehn Jahren liegt die Jah-res-AfA bei 60.000 €/10 = 6.000 € pro Jahr. Der Betrag 6.000 € wird durch 12 geteilt und mit 5 multipliziert; es ergibt sich für das Jahr 2013 ein AfA-Betrag von 2.500 €, der wie in Abbildung 8.2 ge-bucht wird:

Nr	Soll	an	Haben	Betrag
1	AfA auf Sachanlagen	an	Maschinen und TA	2.500

Abbildung 8.2: Buchung der AfA

Abgang abgeschriebener Anlagegüter

Obwohl eine Maschine auf 1 € abgeschrieben ist, kann die Maschine durchaus noch im Gebrauch sein. Sobald allerdings die Maschine nicht mehr funktionstüchtig oder total veraltet ist, wird sie ausgemus-tert. In diesem Beispiel ist davon auszugehen, dass auch kein Inte-ressent am Markt mehr vorhanden ist, der die Maschine erwerben möchte. Die Maschine wird verschrottet, die Anlagenkartei gelöscht und der Buchwert, auch wenn es nur 1 € ist, ausgebucht. Dieser Euro ist als Aufwand auf dem Konto »Anlagenabgang« zu erfassen.

Abgang von Anlagengütern durch Verkauf

Sobald ein Anlagengut nicht mehr benötigt wird und sich ein Käufer findet, scheidet der Vermögensgegenstand durch Verkauf aus. Hierbei sind drei Möglichkeiten zu betrachten:

▶ Nettoverkaufswert ist gleich dem Buchwert,

▶ Nettoverkaufswert ist **größer** als der Buchwert, es entsteht ein Veräußerungs**gewinn**,

▶ Nettoverkaufswert ist **kleiner** als der Buchwert, es entsteht ein Veräußerungs**verlust**.

Anlagenabgang

 Eine Maschine wird zum 05.06.2013 für 11.000 € verkauft. Bis einschließlich Mai muss noch die AfA gebucht werden erst dann darf der Buchwert ausgebucht werden. Nach der AfA-Buchung hat die Maschine noch einen Buchwert von 6.000 €.

In Abbildung 8.3 ist die Buchung zu unserem Beispiel aufgeführt.

Nr.	Sollkonto	Betrag	Habenkonto	Betrag
1.	Debitor	13.090		
			Erlöse aus Anlagenverkauf	11.000
			Umsatzsteuer	2.090
2.	Anlagenabgang	6.000	Maschinen und TA	6.000

Abbildung 8.3: Buchung beim Abgang eines Vermögensgegenstandes

8.6 Organisationelemente der Anlagenbuchhaltung

Die Software SAP ist für international tätige Unternehmen ausgelegt, die die Bewertung des Anlagevermögens nach unterschiedlichen Rechenregeln vornehmen. Beispielsweise können das Werte für ein Steuerrecht, Handelsrecht, die Kostenrechnung oder eine internationale Rechenschaftslegung (IFRS) sein.

8.6.1 Anlagenstammsatz und Anlagenklasse

Die Anlagenbuchhaltung ist, genau wie die Debitoren- und Kreditorenbuchhaltung, eine Nebenbuchhaltung. Hauptaufgabe der Nebenbuchhaltung ist es, die Zusammensetzung der Konten im Hauptbuch zu erläutern. Dazu wird für jedes Wirtschaftsgut ein Anlagenstammdatensatz angelegt. Der Datensatz enthält u. a. den Namen des Vermögensgegenstands und gegebenenfalls eine nähere Beschreibung. Ebenso enthält der Stammdatensatz die Regeln, wie die Abschreibung zu ermitteln ist.

Die Anlagenklasse ähnelt den Kontenklassen, aber ihre Funktion geht weit über die der Kontenklasse hinaus. Eine Anlagenklasse besteht aus einem Stammdatenteil und einem Bewertungsbereich. Die Anlagenklasse ist bei den Stammdaten zuständig für:

▶ die Kontenfindung,

▶ den Nummernkreis,

▶ die Bildaufbauregeln

sowie im Bewertungsbereich für die Abschreibungsregeln.

Darüber hinaus fungiert sie als wichtiges Ordnungskriterium. Somit bietet es sich an, die Anlagenklassen anhand der gesetzlich vorgeschriebenen Gliederungskriterien nach § 66 Abs. 2 HGB zu definieren. Eine tiefere Gliederung ergibt sich durch abweichende Abschreibungsregeln. Als Beispiel hierfür gilt die Bilanzposition ANDERE ANLAGEN, BETRIEBS- UND GESCHÄFTSAUSSTATTUNG. Unter dieser Bilanzposition werden sowohl Büromöbel als auch kleinere Geräte, aber auch Pkw und Lkw erfasst. Jede Art des Vermögensgegenstands zeichnet sich durch eine spezifische Nutzungsdauer aus. Es macht also Sinn, für jede dieser Arten eine eigene Anlagenklasse mit wiederum eigenen Abschreibungsregeln zu definieren.

Kontenfindung

Bei jeder Änderung der Nebenbuchhaltung sind auch gleichzeitig die entsprechenden Konten im Hauptbuch betroffen. Entweder wird die Abschreibung gebucht oder nachträgliche Anschaffungskosten sind zu erfassen. Durch das Instrument *Kontenfindung* können die entsprechenden Konten im Hauptbuch gebucht werden. Während in der Debitoren- und Kreditorenbuchhaltung immer nur ein Konto angegeben werden muss, sind in der Anlagenbuchhaltung mehrere Konten betroffen. Mindestens sind der Buchwert auf ein Konto der Bilanz und der Abschreibungsbetrag in der Gewinn- und Verlustrechnung zu erfassen.

Nummernkreis

Dem Anlagenstammsatz wird eine eindeutige Nummer zugeordnet. Diese Nummernvergabe kann intern oder extern erfolgen. Bei einer internen Nummernvergabe sorgt das SAP-System dafür, dass jeder Anlagensatz eine eindeutige Nummerierung bekommt. Bei externer Nummernvergabe ist der Nutzer selber dafür verantwortlich. SAP gibt allerdings eine Fehlermeldung bei doppelter Nummernvergabe.

Bildaufbau

Mit den Bildaufbauregeln wird gesteuert, welche Felder beim Anlagenstammdatensatz gezeigt werden. Darüber hinaus wird hinterlegt, ob es sich um ein Pflichtfeld handelt.

8.6.2 Organisationselemente in der Anlagenbuchhaltung

In Abbildung 8.4 ist der hierarchische Aufbau aller Organisationselemente grafisch dargestellt. Beispielsweise wird die Bilanzposition TECHNISCHE ANLAGEN UND MASCHINEN näher erläutert. Diese wird in der Finanzbuchhaltung in mehrere Konten, unter anderem »Maschinen«, aufgeteilt. Zur Bewertung in der Anlagenbuchhaltung wird eine Anlagenklasse »Maschinen« benötigt, die bei Bedarf jedem Anlagenstammdatensatz zugeordnet werden kann.

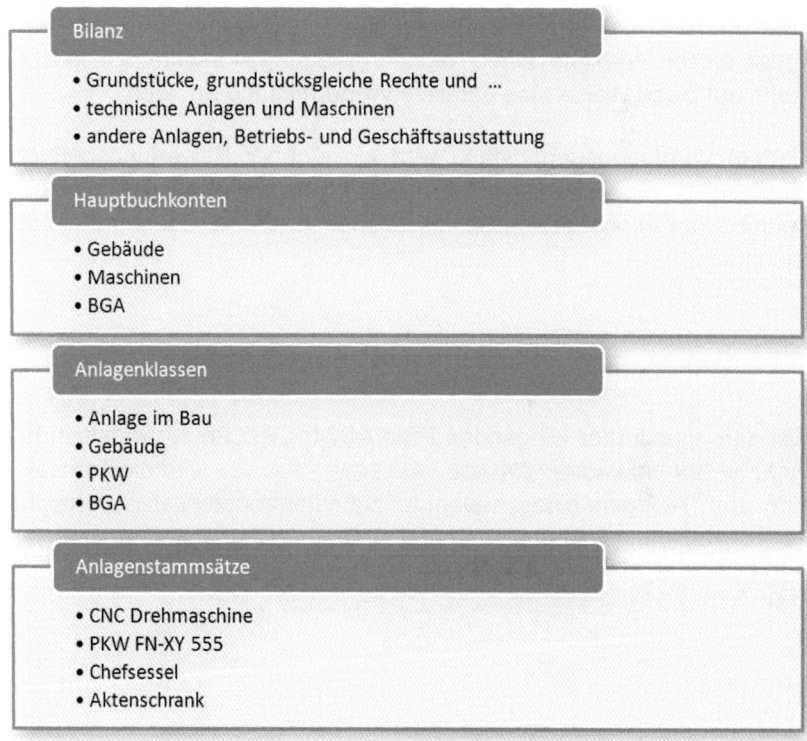

Abbildung 8.4: Hierarchie der Organisationselemente

8.6.3   Kontenplan, Bewertungsplan, Bewertungsbereich

Jede Rechnungslegungsvorschrift (HGB, IFRS, Controlling usw.) enthält eigene Vorschriften für die Bewertung eines Wirtschaftsguts. Für jede dieser Vorschriften ist ein eigener *Bewertungsbereich* vorgesehen. Alle Bewertungsbereiche werden zu einem *Bewertungsplan* zusammengefasst. Der Bewertungsplan wird auf den *Kontenplan*, der dem Buchungskreis zugeordnet ist, abgestimmt.

SAP stellt für jedes Land einen eigenen Bewertungsplan zur Verfügung, in dem die benötigten Bewertungsbereiche aufgeführt sind. Da jeder dieser Bereiche einer Rechnungslegungsvorschrift entspricht, kann auf diese Weise eine parallele Wertermittlung erfolgen.

Jedem Vermögensgegenstand wird ein eigener Bewertungsbereich zugeordnet, der unterschiedlich hinsichtlich des Abschreibungszeitraumes, der Abschreibungsschlüssel oder der Bemessungsgrundlage sein kann.

8.7   Anlegen eines einzelnen Anlagenstammdatensatzes

Mit dem wunderbar klingenden Pfad AS01 – RECHNUNGSWESEN • FI-NANZWESEN • ANLAGEN • ANLAGE • ANLEGEN • ANLAGE wird die Transaktion zum Anlegen eines neuen Anlagenstammdatensatzes erreicht (siehe Abbildung 8.5).

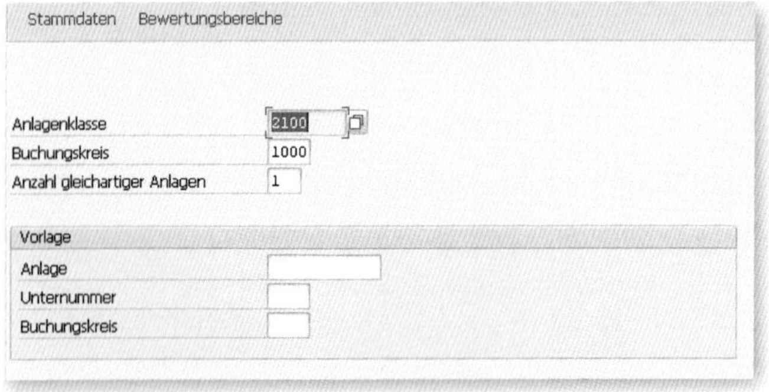

Abbildung 8.5: Einstiegsbild Anlagenstammdatensatz

150

Hier haben Sie zwei Möglichkeiten, einen neuen Stammsatz anzulegen:

▶ Anlagenklasse

▶ oder Vorlage.

Wird über das Feld ANLAGENKLASSE ein neues Wirtschaftsgut angelegt, so ist die Anlagenklasse unbedingt sorgfältig auszuwählen. Spätere Änderungen sind oft nur schwer möglich. Abbildung 8.6 zeigt die Auswahlmöglichkeiten:

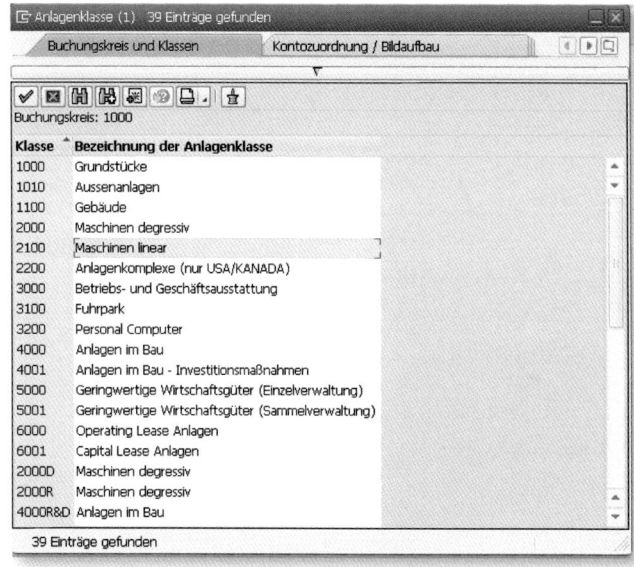

Abbildung 8.6: Anlagenklasse auswählen

BUCHUNGSKREIS ist ein Pflichtfeld, denn der Vermögensgegenstand ist zwingend bei einem Unternehmen zu erfassen.

Durch Ausfüllen des Feldes ANZAHL GLEICHARTIGER ANLAGEN können mehrere Anlagen angelegt werden. Dies kann beispielsweise sehr nützlich sein, wenn eine Rechnung über mehrere gleichartige Computer vorliegt. Jeder der Rechner kann so einzeln verwaltet werden, das heißt, individuell mit Standort, Kostenstellenverantwortlichen etc.

Die zweite Möglichkeit, einen Anlagenstammsatz anzulegen, besteht darin, einen bereits bestehenden als Vorlage anzugeben (siehe Abbildung 8.5).

Sobald im Einstiegsbild alle erforderlichen Eingaben getätigt wurden, können Sie unter STAMMDATEN (im Menü) die weiteren Daten für den neuen Vermögensgegenstand eingeben. Das Feld BEZEICHNUNG verlangt zwingend eine Eingabe (siehe Abbildung 8.7).

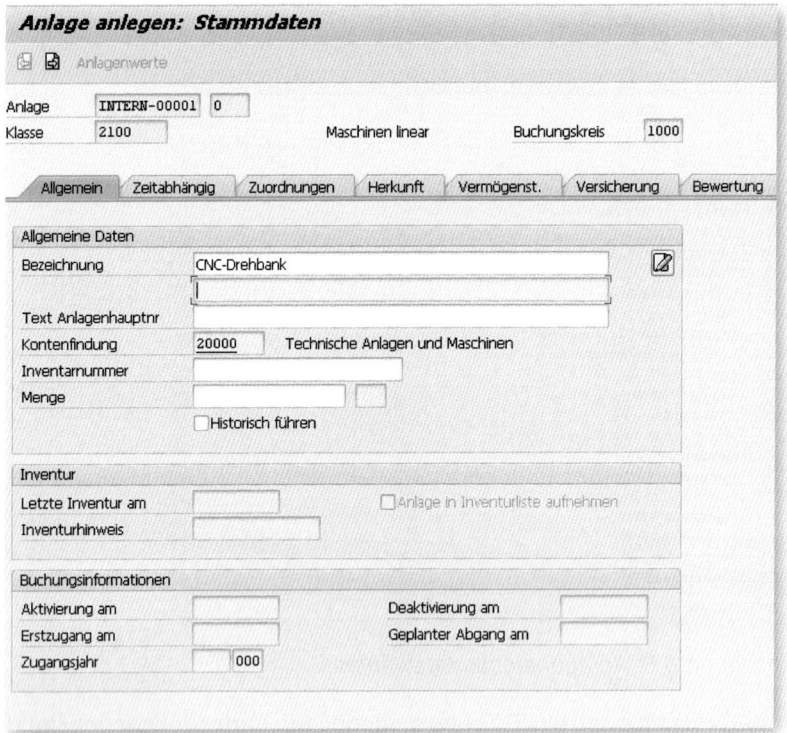

Abbildung 8.7: Anlage anlegen: Allgemein

FI-AA hat hier bereits eine Nummer vergeben und zeigt an, dass es sich dabei um eine interne Nummernvergabe handelt. Der Schlüssel *20000* für die Kontenfindung ist durch Auswahl der Anlagenklasse bereits eingetragen. Weiterhin können Sie die INVENTARNUMMER sowie Informationen über die letzte Inventur hinterlegen.

Im Bereich BUCHUNGSINFORMATION steuern die Daten in den Feldern AKTIVIERUNG AM und DEAKTIVIERUNG AM den Abschreibungsverlauf. Beim Anlegen eines neuen Anlagenstammdatensatzes bleiben diese Felder leer. Erst durch eine Zugangsbuchung des Vermögensgegenstands wird das Feld AKTIVIERUNG AM ausgefüllt.

Der Reiter ZEITABHÄNGIG enthält viele der mit dem Vermögensgegenstand verbundenen Organisationseinheiten. Das einzige Pflichtfeld hier ist die KOSTENSTELLE, und der Geschäftsbereich wird automatisch ausgefüllt. Es können noch andere CO-Objekte für die Kostenrechnung hinterlegt werden. Auch können Sie hier genauere Angaben zum Standort des Vermögensgegenstands hinterlegen (siehe Abbildung 8.8). Mit SPEICHERN legen Sie den Anlagenstammdatensatz endgültig an.

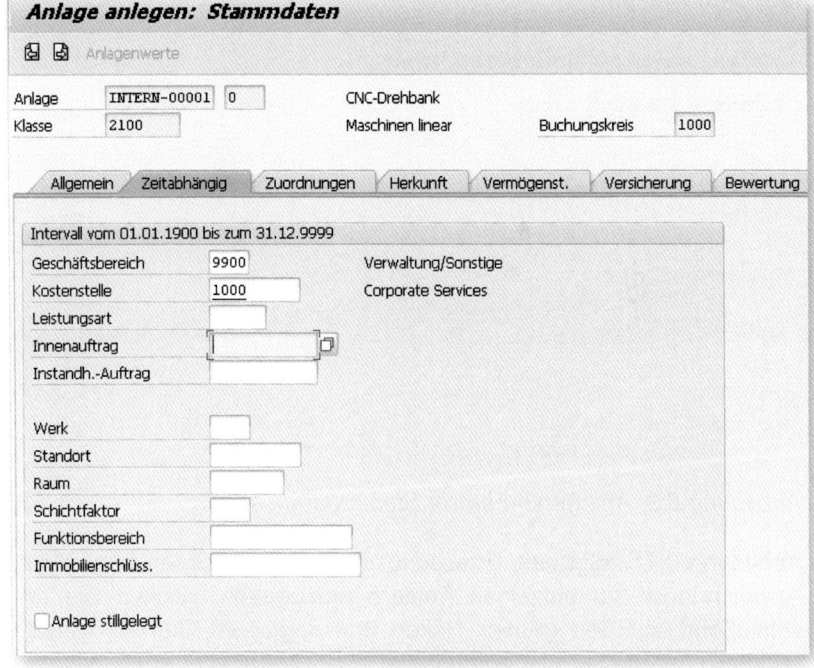

Abbildung 8.8: Anlage anlegen: Zeitabhängig

8.8   Anlegen mehrerer Anlagenstammdatensätze

Mit derselben TRANSAKTION AS01 – RECHNUNGSWESEN • FINANZWESEN • ANLAGEN • ANLAGE • ANLEGEN • ANLAGE können mehrere Anlagenstammdatensätze angelegt werden, wenn das Feld ANZAHL GLEICHARTIGER ANLAGEN wie in Abbildung 8.9 ausgefüllt wird. Im Beispiel sollen fünf Pkw gekauft werden, denen alle die Anlagenklasse *3100 Fuhrpark* zugewiesen wird.

Zuerst sind die Mussfelder in Abbildung 8.8 auszufüllen: BEZEICHNUNG PKW auf dem Reiter ALLGEMEIN und anschließend die KOSTENSTELLE. Der Anlagenstammdatensatz kann gespeichert werden, wobei zunächst ein Dialog wie in Abbildung 8.10 erscheint. Nur der Button PFLEGEN erlaubt individuelle Änderungen bei den neu anzulegenden Datensätzen.

Abbildung 8.9: Anlegen mehrerer Stammdatensätze

Abbildung 8.11 zeigt eine Erfassungsoption, die es Ihnen ermöglicht, Abweichungen zu einzelnen Feldern einzugeben. Klicken Sie anschließend auf den grünen Haken und speichern Sie, so werden endgültig fünf neue Anlagen angelegt.

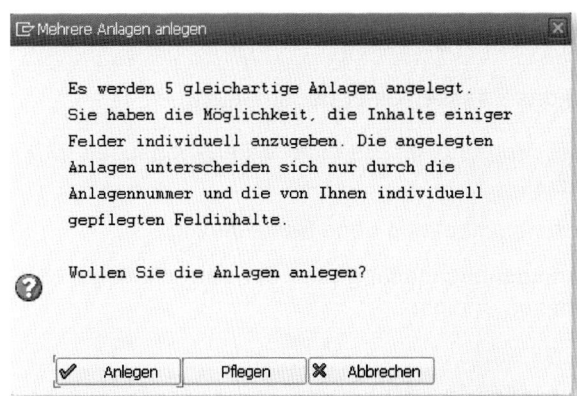

Abbildung 8.10: Mehrere Anlagen anlegen

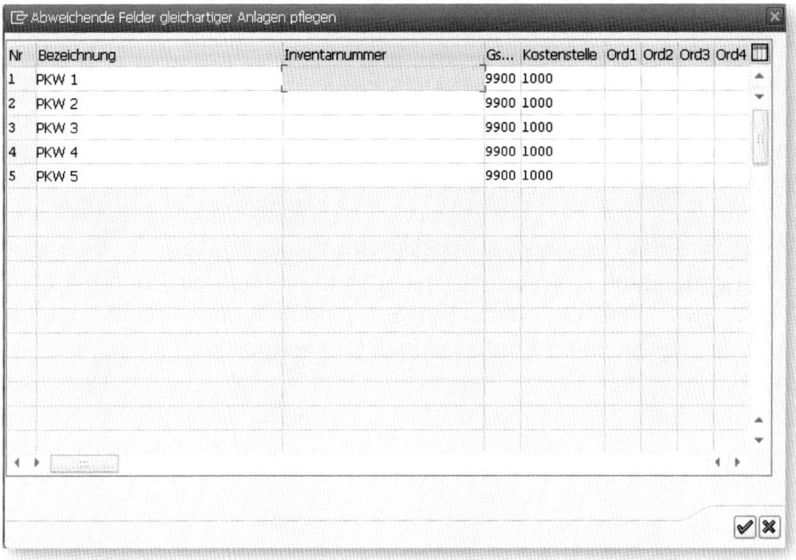

Nr	Bezeichnung	Inventarnummer	Gs...	Kostenstelle	Ord1	Ord2	Ord3	Ord4
1	PKW 1		9900	1000				
2	PKW 2		9900	1000				
3	PKW 3		9900	1000				
4	PKW 4		9900	1000				
5	PKW 5		9900	1000				

Abbildung 8.11: Abweichende Felder gleichartiger Anlagen pflegen

8.8.1 Erfassen neuer Anlagen

Organisatorisch kann das Erfassen einer neuen Anlage

▶ als integrierter Vorgang im Bereich Materialwirtschaft (MM) mit Bestellbezug,

▶ in der Kreditorenbuchhaltung ohne Bestellbezug

▶ oder in der Anlagenbuchhaltung über ein Verrechnungskonto ohne Bestellbezug erfolgen.

Zugangsbuchung, integriert in MM

Der gesamte Vorgang findet in der Materialwirtschaft statt, ausgehend von einer Bestellanforderung bis zu Lieferung des neuen Vermögensgegenstandes.

Häufig erfolgt die Zugangsbuchung der neuen Anlage in der Kreditorenbuchhaltung mit der Transaktion F-90 – FINANZWESEN • ANLAGEN • BUCHUNG • ZUGANG • KAUF • GEGEN KREDITOR. Bei dieser Zugangsbuchung gibt es keinen Bezug zur Materialwirtschaft. Die Eingabe des Buchungssatzes erfolgt mit einer Mehrbildtransaktion.

Vorab wird der Belegkopf ausgefüllt, anschließend die erste Belegposition vorbereitet. Die Verbindlichkeit wird zuerst erfasst und mit dem Buchungsschlüssel *31* dem System mitgeteilt, dass eine Haben-Buchung gegen einen Kreditor erfolgt (siehe Abbildung 8.12).

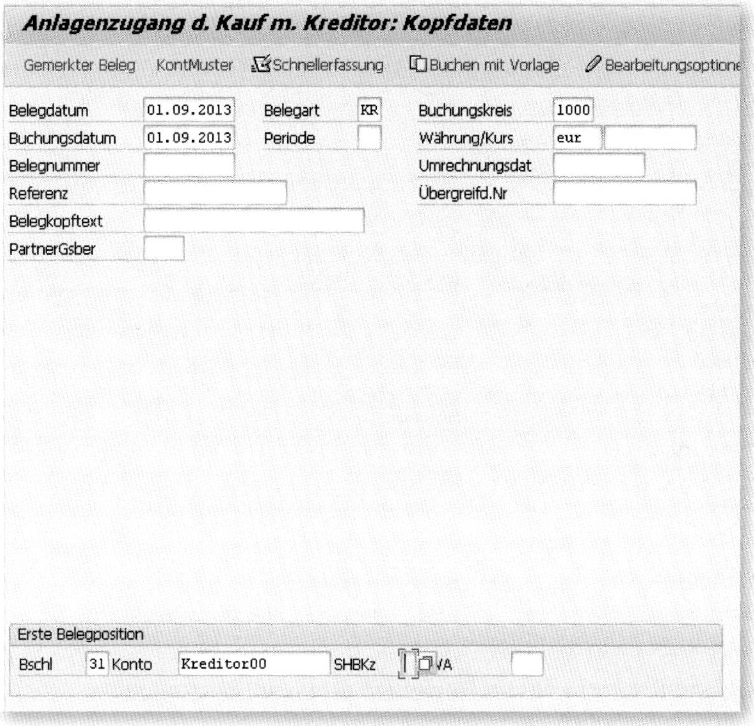

Abbildung 8.12: Anlagenzugang: Kopfdaten

Mit der *Return*-Taste wechselt SAP zur nächsten Seite und ermöglicht, BETRAG, UMSATZSTEUERKENNZEICHEN, ZAHLUNGSBEDINGUNGEN etc. einzugeben. Unter NÄCHSTE BELEGPOSITION wird das neue Anlagenkonto ausgewählt. Vorbereitet wird die Buchung mit dem Buchungsschlüssel *70* (siehe Abbildung 8.13).

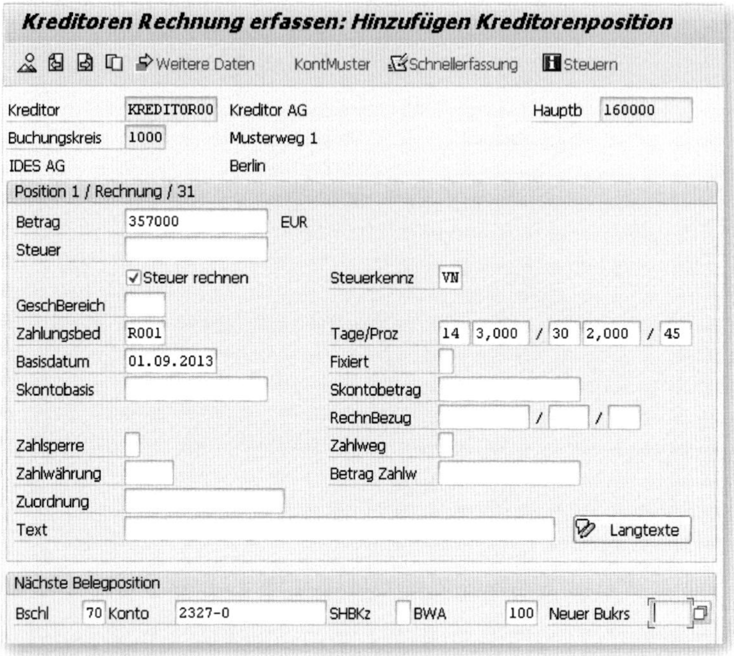

Abbildung 8.13: Kreditoren-Rechnung erfassen: Hinzufügen Kreditorenposition

Es gibt für Anlagenbuchungen nur zwei Buchungsschlüssel: Ein Anlagenzugang wird immer im Soll mit dem Buchungsschlüssel 70, ein Abgang als Habenbuchung per Buchungsschlüssel 75 gebucht.

Zusätzlich und nur im Anlagenbereich muss noch eine BEWEGUNGS-ART eingegeben werden. Diese steuert die Position im Anlagegitter. Es sind viele Bewegungsarten im SAP-System vorbelegt, die wichtigsten sind:

► 100–199 für den Anlagenzugang,

► 200–299 für Anlagenabgang

► und 300 für die Umbuchung.

Auf der folgenden Seite genügt es, ein Sternchen im Feld BETRAG zu setzen. Ohne die Maske zu wechseln, kann der Beleg unter dem

Menüpunkt BELEG • ANZEIGEN aufgerufen werden (siehe Abbildung 8.14). Auch über den Asset Explorer kann ein Zugang zum Beleg bzw. Buchungssatz erfolgen.

Durch die geänderten Zahlungsbedingungen R001 RATENKONDITION 3 TEILBETRÄGE (ZR01, ZR02, ZR03) wird der Betrag in drei Raten beglichen.

Abbildung 8.14: Beleg anzeigen: Erfassungssicht

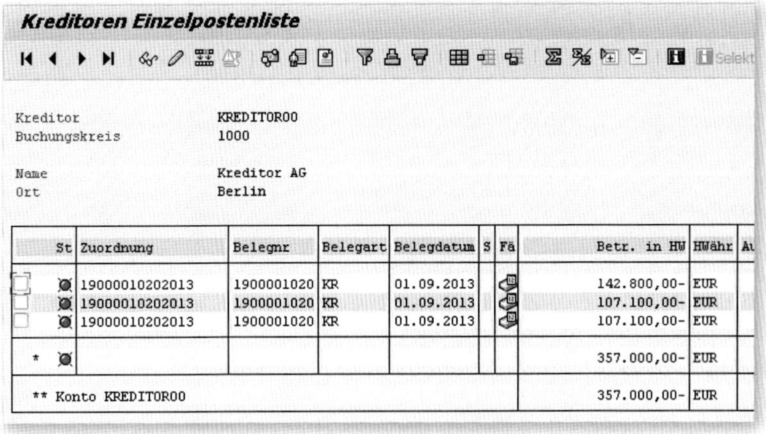

Abbildung 8.15: Kreditoren-Einzelpostenliste

Wie in Abbildung 8.15 zu sehen, stehen drei Verbindlichkeiten in der Einzelpostenliste mit jeweils unterschiedlicher Zahlungsbedingung. Beim Aufreißen bis zum Beleg wird erkennbar, dass an die Stelle der Zahlungsbedingung R001 jeweils ZR01–ZR02 eingetragen ist.

Zugang gegen Verrechnungskonto

Die Buchung der neuen Anlage in der Anlagenbuchhaltung erfolgt mit der Transaktion ABZON – ANLAGEN • BUCHUNG • ZUGANG • KAUF • ZU-GANG GEGENBUCHUNG AUTOMATISCH (siehe Abbildung 8.16). Im Gegensatz zur Buchungsmaske in der Kreditorenabteilung kann mit dieser Transaktion auch ein neuer Anlagenstammsatz angelegt werden, wie Abbildung 8.17 zeigt. Zuerst wird der neue Anlagenstammsatz angelegt und anschließend der Buchungssatz erfasst. Der Dialog aus Abbildung 8.18 bestätigt, dass alles korrekt erfolgte.

Abbildung 8.16: Zugang Gegenbuchung automatisch

Neben der Eingabe des Beleg- und des Buchungsdatums muss noch das Bezugsdatum ergänzt werden: das Aktivierungsdatum für die

Anlagenbuchhaltung. Zu diesem Zeitpunkt ist die Anlage im Unternehmen verwendbar, und die Abschreibung beginnt. Es kann vom Buchungs- und Belegdatum abweichen und in für die Buchhaltung bereits abgeschlossenen Buchungsperioden liegen. Buchungs**jahr** und Bezugs**jahr** müssen jedoch übereinstimmen.

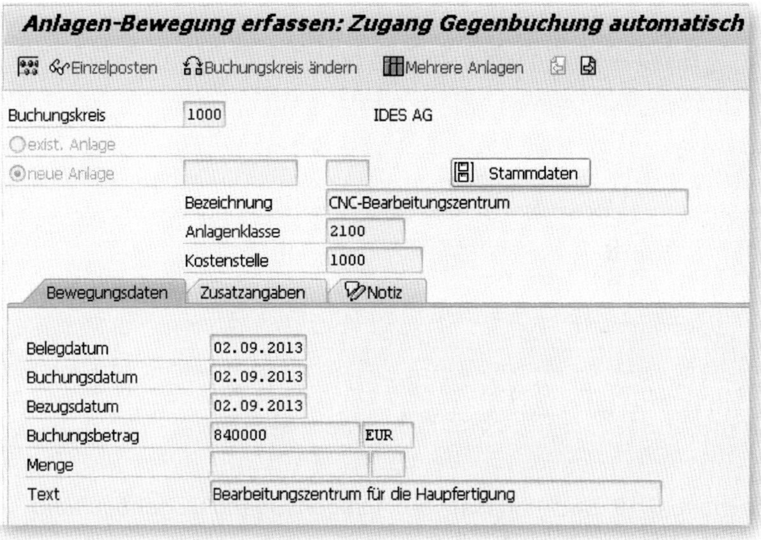

Abbildung 8.17: Zugangsbuchung mit Anlegen neuer Anlage

Da das Bezugsdatum unmittelbaren Einfluss auf die Höhe der Abschreibungen haben kann, erzeugt das System nach Möglichkeit einen sinnvollen Vorschlagswert. Die Ermittlung des Vorschlagwertes ist per Customizing festlegbar.

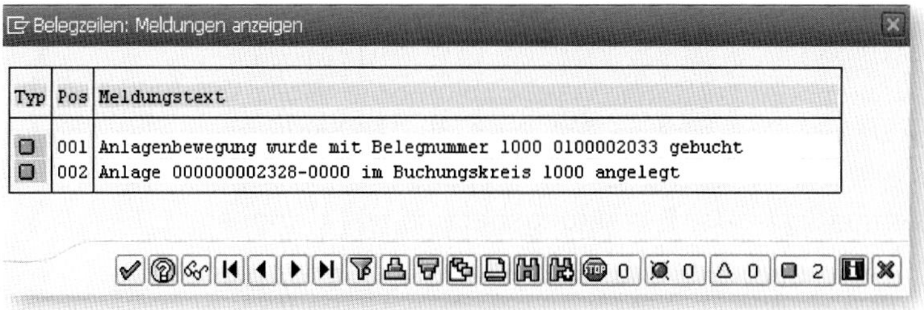

Abbildung 8.18: Bestätigungsdialog

Alle mit Gegenkonto automatisch erfassten Zugangsbuchungen werden ohne Vorsteuer erfasst. Erst mit Buchen der Rechnung darf die Vorsteuer erfasst werden. Abbildung 8.19 zeigt den entsprechenden Buchungssatz. Das Konto »199990 Verr. Anlagenzugang« ist die Habenbuchung und muss durch Erfassen der Rechnung ausgeglichen werden.

Abbildung 8.19: Buchungssatz bei Anlagenzugang Gegenbuchung automatisch

8.9 Asset Explorer

Folgen Sie dem Pfad AW01N – RECHNUNGSWESEN • FINANZWESEN • ANLAGEN • ANLAGE • ASSET EXPLORER, so erscheint ein Instrument zur Verwaltung der einzelnen Anlagen.

In Abbildung 8.20 zeigt der Asset Explorer die Werte der Anlage *CNC Fräsen 01* an. Der mittlere Teil zeigt die Veränderungen der Anlage durch die Abschreibung in Abhängigkeit vom Bewertungsbereich. Standardmäßig ist der Bewertungsbereich »01« eingestellt.

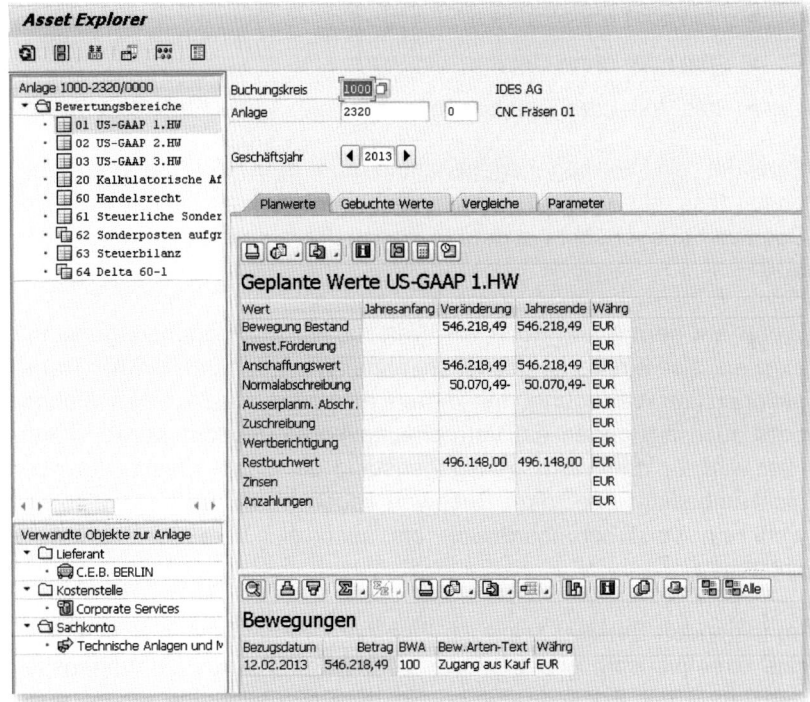

Abbildung 8.20: Asset Explorer

In der Rubrik VERWANDTE OBJEKTE ZUR ANLAGE zeigt der Asset Explorer alle mit der Anlage zusammenhängenden Objekte, wie z. B. die Stammdaten des Lieferanten. Der Bereich »Bewegungen« enthält alle mit der Anlage zusammenhängenden Buchungssätze und führt mithilfe eines Doppelklicks zum Beleg.

8.10 Anlagenabgang

Anlagen scheiden aus den unterschiedlichsten Gründen aus dem Unternehmen aus. SAP bietet drei Möglichkeiten an, den Abgang einer Anlage zu buchen:

163

▶ mit oder ohne Erlös,

▶ mit oder ohne Debitor,

▶ als Voll- oder Teilabgang.

Scheidet ein Vermögensgegenstand aus dem Unternehmen aus, ohne dass ein Verkaufspreis erzielt werden kann, muss nur der Buchwert ausgebucht werden. In diesem Falle scheidet er ohne Erlös aus.

Wenn auf dem Markt noch ein Wert für den Vermögensgegenstand existiert, also ein Verkaufserlös zu erzielen ist, dann stellt SAP Transaktionen zur Verfügung, mit denen entweder gegen einen Debitor oder auch nur gegen ein Verrechnungskonto gebucht werden kann. Hier wird für den Vermögensgegenstand ein Erlös erfasst, der aber nicht unbedingt über dem Buchwert liegen muss. Es kann also sowohl ein Veräußerungsgewinn als auch ein Veräußerungsverlust entstehen.

Im folgenden Beispiel zeige ich Ihnen am Verkauf eines Schweißgeräts exemplarisch, wie SAP die Veräußerung eines Vermögensgegenstands mit Erlös durchführt. In dieser Transaktion ist es auch möglich, anzugeben, ob der Vermögensgegenstand vollständig aus dem Unternehmen ausscheidet oder nur Teile davon verkauft werden. Ein Pkw wird üblicherweise in Gänze verkauft, wohingegen es bei einem Gebäude durchaus denkbar ist, nur ein Teil zu verkaufen.

Um den Verkauf eines Vermögensgegenstands vorzuführen, müssen zuerst ein Anlagenstammsatz angelegt und darauf Anschaffungskosten erfasst werden. Dies geschieht mit der schon bekannten Transaktion ABZON − ANLAGEN • BUCHUNG • ZUGANG • KAUF • ZUGANG GEGENBUCHUNG AUTOMATISCH (siehe Abbildung 8.21).

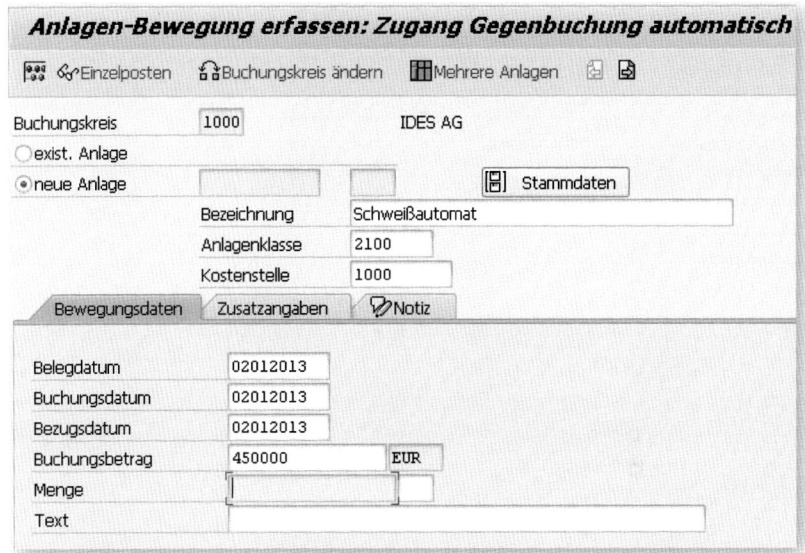

Abbildung 8.21: Erfassen Vermögensgegenstand für den Verkauf

Die Transaktion ABZON erlaubt es, den Anlagenstammsatz in einem Vorgang anzulegen und gleichzeitig Anschaffungskosten zu buchen. Der Vorgang wird in den Januar des Jahres gelegt, damit gezeigt werden kann, dass noch Abschreibungen bis zum Verkauf zu erfassen sind.

Mit F-92 – ANLAGEN • BUCHUNG • ABGANG • ABGANG MIT ERLÖS • MIT DEBITOR öffnet sich die Maske zum Erfassen des Anlagenabgangs mit Debitor.

165

Anlagenabgang d. Verkauf m. Debitor: Kopfdaten

Gemerkter Beleg   KontMuster   ☑Schnellerfassung   ☐Buchen mit Vorlage   ∅ Bearbeitungsoptionen

Belegdatum	02.10.2013	Belegart	DR	Buchungskreis	1000
Buchungsdatum	02.10.2013	Periode	10	Währung/Kurs	EUR
Belegnummer				Umrechnungsdat	
Referenz				Übergreifd.Nr	
Belegkopftext					
PartnerGsber					

Erste Belegposition

Bschl   01 Konto   Kunde00   ☐ BKz   BWA

Abbildung 8.22: Anlagenverkauf: Kopfdaten erfassen

Zuerst müssen die Kopfdaten erfasst werden, insbesondere ist mit der Eingabe *DR* (Debitoren-Rechnung) die Belegart festzulegen. Wie üblich, müssen auch der zugehörige Buchungskreis sowie das jeweilige Datum für den Beleg- und Buchungsvorgang angegeben werden. Anschließend kann die erste Belegposition vorbereitet werden: der Verkauf eines Vermögensgegenstands an einen Debitor. Somit handelt es sich um eine Debitoren-Rechnung und eine Sollbuchung. Dies wird dem System mit dem Buchungsschlüssel 01 mitgeteilt (siehe Abbildung 8.22). Nachdem ein Debitor eingegeben wurde, wechseln Sie durch Betätigen der *Return*-Taste zur nächsten Seite.

Abbildung 8.23 zeigt, welche Felder noch auszufüllen sind. Der Verkaufserlös sowie das Steuerkennzeichen müssen erfasst werden.

Darüber hinaus können wieder alle Felder erfasst werden, die mit der Zahlungsbedingung in Zusammenhang stehen.

In der unteren Zeile muss jetzt die nächste Seite vorbereitet werden: Der Buchungsschlüssel *50* für eine Habenbuchung und das Sachkonto *820000* – ein Erlöskonto für den Verkauf von Anlagevermögen – müssen dem System mitgeteilt werden. Wie Abbildung 8.24 zeigt, wird in dem folgenden Bild ein Feld ANLAGENABGANG aufgeführt. Bei anderen Verkaufserlöskonten fehlt dieses Feld.

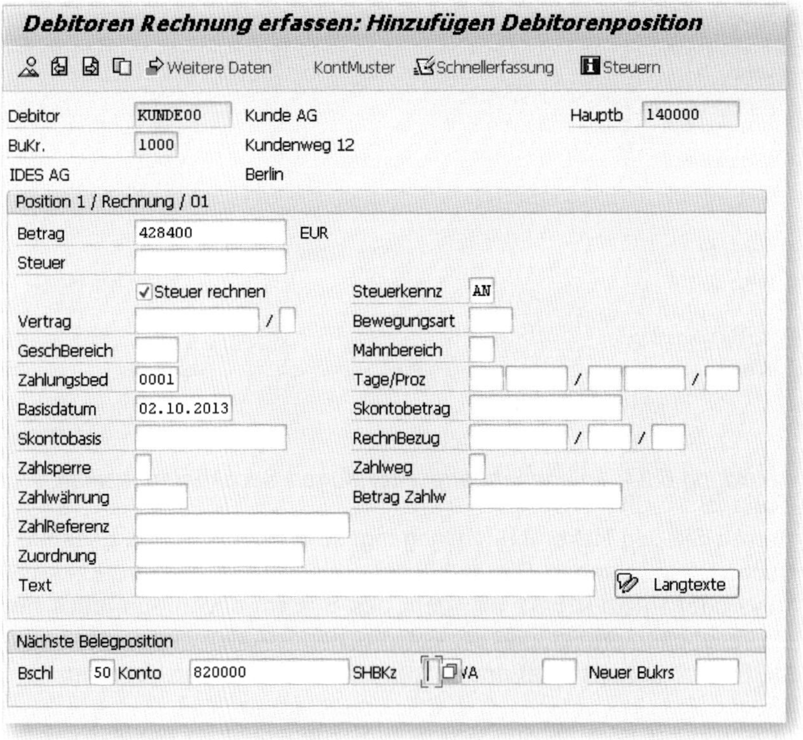

Abbildung 8.23: Anlagenverkauf: Hinzufügen Debitorenposition

In Abbildung 8.24 ist erkennbar, dass es ausreichend ist, für den BETRAG ein Sternchen und im Kästchen ANLAGENABGANG einen Haken zu setzen. Mit *Return* öffnet sich ein Dialog, den Abbildung 8.25 zeigt. Hier können Sie die konkrete Anlage angeben, die aus dem Unternehmen ausscheidet. Ebenso wird hier das Datum vermerkt, an dem dieser Vorgang durchgeführt wird. Dass hierfür das Feld BEZUGSDATUM heißt, ist irreführend, denn gemeint ist das Datum des Abgangs des Vermögensgegenstands.

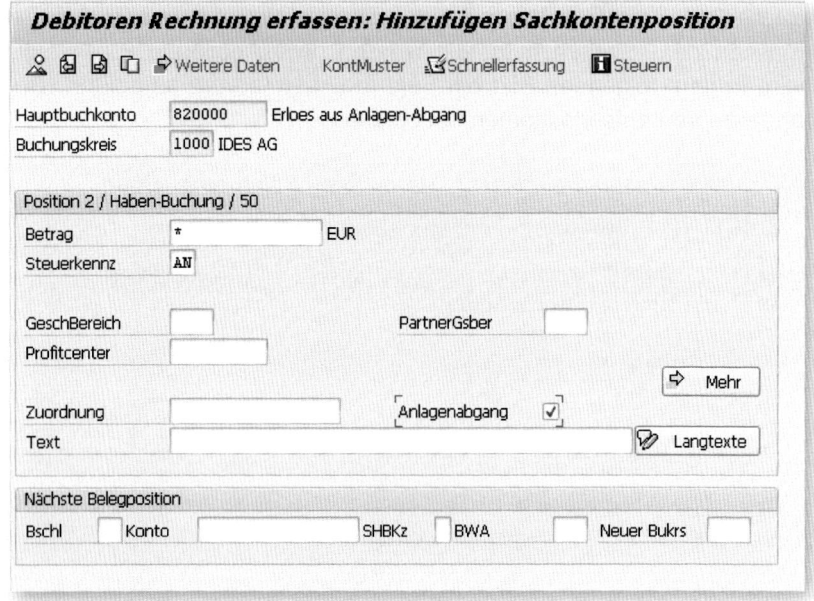

Abbildung 8.24: Anlagenabgang: Hinzufügen Sachkontenposition

Setzen Sie den Haken bei Vollabgang, so bucht FI-AA den gesamten Buchwert aus. tragen Sie stattdessen einen Wert bei BUCHUNGSBETRAG oder PROZENTSATZ ein, geht das System davon aus, dass nur ein Teilabgang erfolgt, und der entsprechende Anteil wird ausgebucht. Mit *Return* und anschließend BUCHEN beenden Sie den Vorgang.

In Abbildung 8.26 ist der Vermögensgegenstand im Asset Explorer aufgeführt. Für das laufende Jahr wird nur noch die Abschreibung erfasst, ein Buchwert nicht mehr aufgeführt. In unteren Bereich für BEWEGUNGEN ist der Zugang für beide Buchungssätze angegeben: die Zugangs- und die Abgangsbuchung.

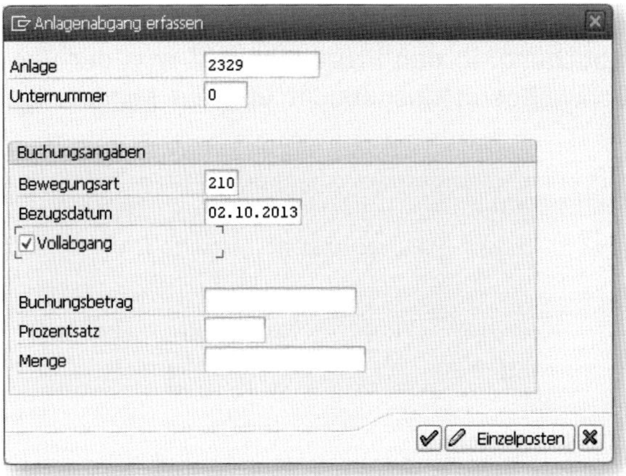

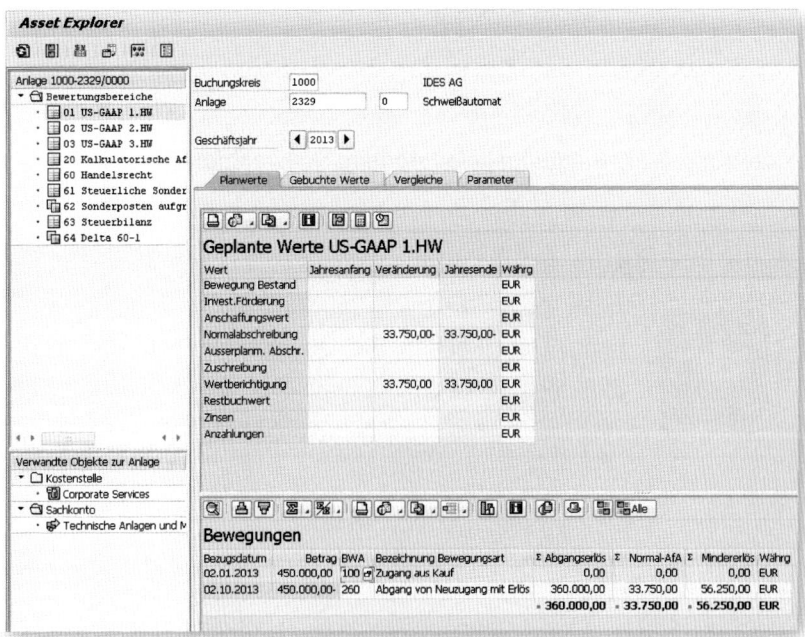

Abbildung 8.25: Anlagenabgang erfassen

Abbildung 8.26: Asset Explorer, Schweißgerät

Abbildung 8.27 zeigt den Buchungsbeleg an. Die Positionen 1–3 enthalten die Verkaufsbuchung. In den Positionen 4–7 wird der Vermögensgegenstand Schweißgerät ausgebucht und ein Mindererlös erfasst.

Abbildung 8.27: Buchungsbeleg Abgang Schweißgerät

Aufgaben Anlagenbuchhaltung

 Auch an dieser Stelle der Hinweis in Richtung Anhang. Dem können Sie Übungsaufgaben zur Anlagenbuchhaltung entnehmen.

9 Bankbuchhaltung

In der Bankbuchhaltung verwaltet SAP alle Geschäftsvorfälle bezüglich der Banken eines Unternehmens. Vorab ist allerdings darauf hinzuweisen, dass es sich bei der Bankbuchhaltung nicht um eine Nebenbuchhaltung wie die Debitoren-, Kreditoren- oder Anlagenbuchhaltung handelt. Alle Vorgänge finden im Hauptbuch statt. Das SAP-Softwaremodul FI-BL (Bank Ledger) unterstützt durch viele zusätzliche Funktionen die Erfassung und Verwaltung aller liquiden Vorgänge auf Ebene der Bank.

In einem SAP-internen Bankenverzeichnis sind allgemein alle bekannten Banken als Stammsatz hinterlegt. Beispielsweise befinden sich die Bankverbindungen der Kreditoren und Debitoren in diesem Verzeichnis. Die Banken, über die der Buchungskreis Zahlungen abwickelt, werden als »Hausbanken« bezeichnet.

Mit Hausbanken sind also alle Banken gemeint, bei denen das Unternehmen ein oder mehrere Konten führt. Eine Hausbank wird im SAP-System eindeutig durch eine Kombination aus Hausbank- und Konto-ID definiert (siehe Abbildung 9.1).

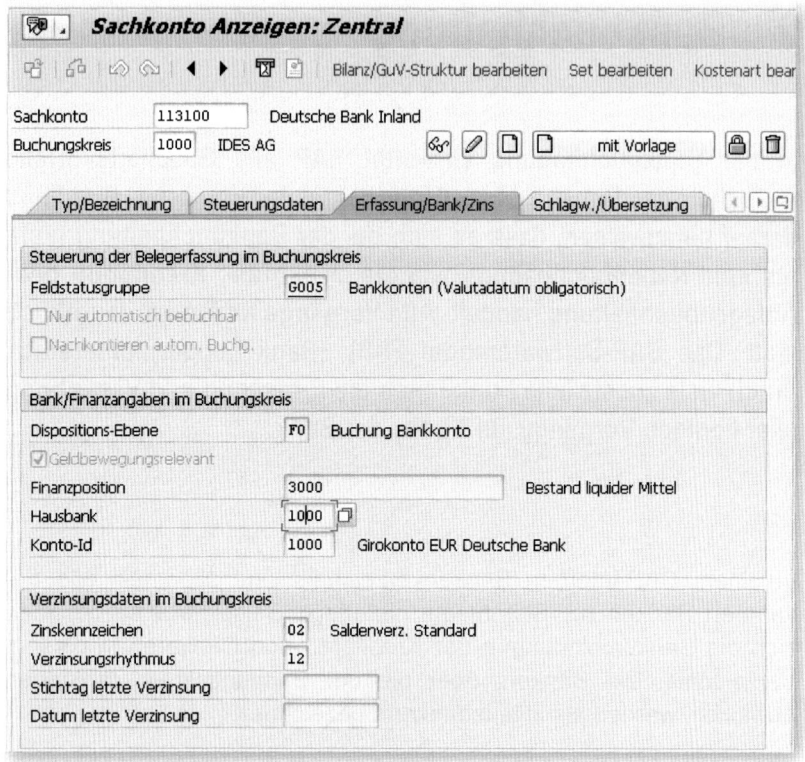

Abbildung 9.1: Hausbank

Abbildung 9.2 zeigt, dass sich hinter der Konto-ID LAND und BANK-SCHLÜSSEL verbergen, wohingegen in Abbildung 9.3 dieselbe ID eindeutig dem Girokonto »EUR Deutsche Bank« zugeordnet ist. Diese Kennzeichnung ist für das maschinelle Zahlungsprogramm in SAP von Bedeutung.

Um einen neuen Stammdatensatz für Banken direkt beim Debitor anzulegen, folgen Sie dem Pfad FD02 – RECHNUNGSWESEN • FINANZWESEN • DEBITOREN • STAMMDATEN • ÄNDERN. Anschließend können Sie in der Karteikarte ZAHLUNGSVERKEHR über das Icon BANKDATEN die dazugehörigen Bankinformationen zum Kunden hinterlegen.

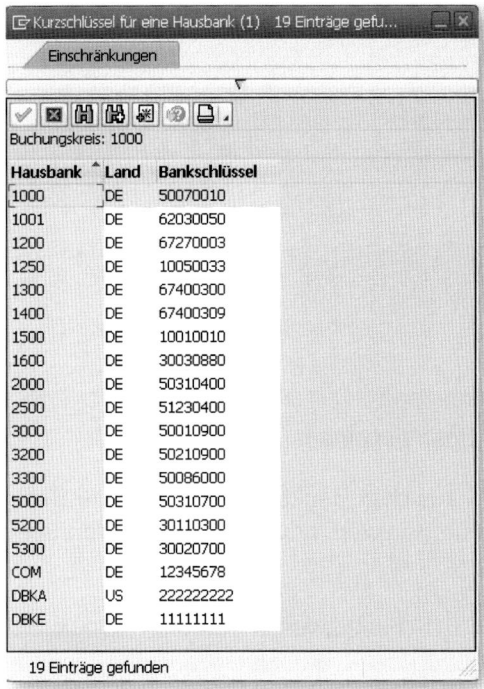

Abbildung 9.2: Kurzschlüssel für eine Hausbank

Abbildung 9.3: Kurzschlüssel für eine Kontenverbindung

Abbildung 9.4: Bankverbindungen bei einem Debitor

An dieser Stelle kann sowohl aus dem Bankenverzeichnis eine Bank ausgesucht als auch eine neue Bankverbindung erfasst werden (siehe Abbildung 9.4).

Alternativ können Sie unter FI01 – FINANZWESEN • BANKEN • STAMMDATEN • BANKENSTAMM • ANLEGEN/ÄNDERN Bankdaten anlegen, ändern oder löschen.

9.1 Kassenbuch

Auch in Zeiten des bargeldlosen Zahlungsverkehrs ist das Führen einer Kasse nicht ganz verloren gegangen. Aus der sogenannten *Portokasse* werden gern Büromaterial, Tankquittungen oder Ähnliches bezahlt. Diese Vorgänge werden unterschiedlich aufgezeichnet, entweder auf Papier, in einem Tabellenkalkulationsprogramm oder in einem Kassenbuch. Spätestens, wenn in einem Unternehmen Barzahlungen an der Tagesordnung sind, kann sich das Kassenbuch von SAP als sehr nützlich erweisen.

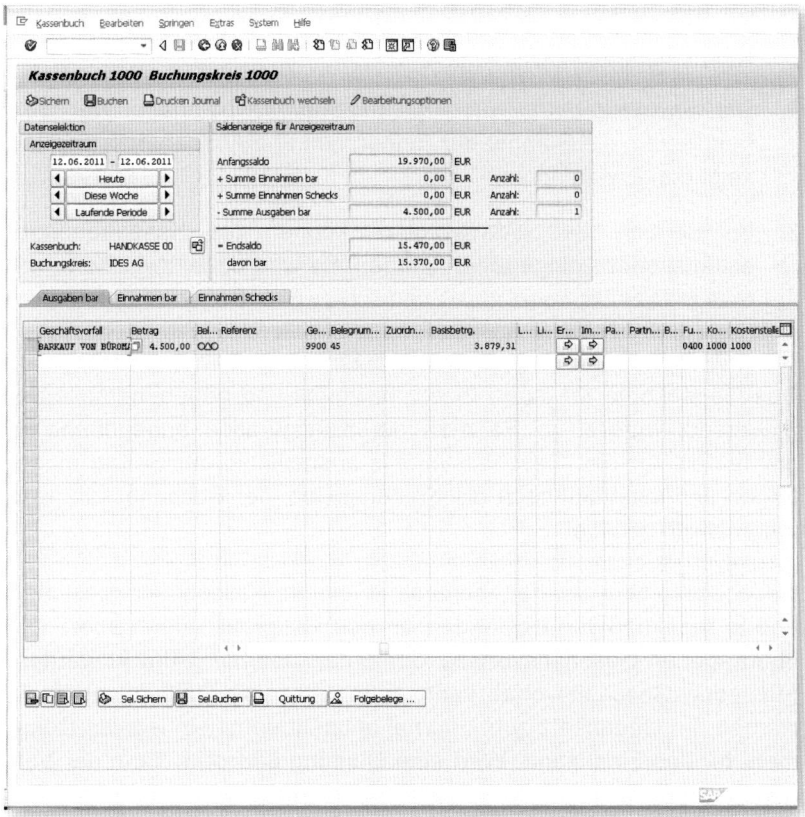

Abbildung 9.5: Datenerfassung für Kassenbuch

Mit der Transaktion FBCJ – RECHNUNGSWESEN • FINANZWESEN • BANKEN • AUSGÄNGE • KASSENBUCH wird das Kassenbuch geöffnet. Zuerst bestimmt der Nutzer den Buchungskreis und das zugehörige Kassenbuch. Jedes Kassenbuch ist einem Sachkonto »Kasse« zugeordnet, das natürlich auch »Filialkasse«, »Portokasse« oder »Kasse Verkaufsraum« heißen kann. Wichtig dabei ist, dass ein Kassenbuch genau einem Sachkonto »Kasse« zugeordnet ist. Alle Kassenbücher unterscheiden sich dann durch einen vierstelligen Code. Das Datenerfassungsbild für Kassenbuchtransaktionen (siehe Abbildung 9.5) ist in drei Bereiche eingeteilt:

1. Im Bereich DATENSELEKTION wird ein Anzeigezeitraum für die Daten ausgewählt.

2. Die SALDENANZEIGE FÜR ANZEIGEZEITRAUM beinhaltet den Anfangssaldo, die Summe der Einnahmen und Ausgaben in bar und zeigt den Endsaldo an.

3. Im Bereich GESCHÄFTSVORFALL können die Kassenbuchgeschäftsvorfälle eingegeben werden. Es wird dabei zwischen AUSGABEN BAR, EINNAHMEN BAR und EINNAHMEN SCHECKS unterschieden.

Das Gegenkonto für jeden Geschäftsvorfall und gegebenenfalls der Steuersatz wurden im Rahmen der Konfiguration angegeben. Es werden die Art des Geschäftsvorfalls ausgewählt, der Betrag eingetragen und eventuell noch die Kostenstellen; der Buchungssatz wird automatisch gebildet.

Geschäftsvorfälle werden separat in einem Kassenbuch gesichert und in regelmäßigen Abständen an das Hauptbuch übertragen. Die übertragenen Geschäftsvorfälle können als *Journal* gedruckt werden. Für jeden Geschäftsvorfall kann außerdem eine Quittung gedruckt werden. Im Gegensatz zum Journal entsteht damit ein legales Dokument für das Finanzamt. Wird eine Quittung gedruckt, kann der Vorgang nicht mehr gelöscht, sondern nur noch storniert werden. Das ist zwecks Nachvollziehbarkeit für unsere Finanzbehörden erforderlich.

10 Abschluss der Finanzbuchhaltung

Bevor am Ende einer Buchungsperiode die Konten abgeschlossen werden können, finden in der Buchhaltung noch umfangreiche Abschlussarbeiten statt. Nach dem Abschluss aller Konten werden die Gewinn- und Verlustrechnung sowie die Bilanz aufgestellt.

Bei größeren Unternehmen unterscheiden sich folgende Zeitpunkte zum Abschluss der Finanzbuchhaltung:

► Jahresabschluss,

► Quartalsabschluss,

► Monatsabschluss.

Der Jahresabschluss wird benötigt, um Anteilseigner über Gewinne/Verluste zu informieren, als Bemessungsgrundlage für Bonus/Tantiemen zu dienen und auch, um die Ertragssteuer für die Finanzbehörde zu ermitteln. Als Zwischenberichterstattung dient der Quartalsabschluss, der für einige kapitalorientierte Unternehmen vorgeschrieben ist. Letztendlich kann ein Unternehmen zur eigenen internen Information und Unternehmenssteuerung zusätzlich Monatsabschlüsse durchführen.

Durch vielfältige Unterstützung seitens des SAP-Systems bei den Abschlussarbeiten ist es für Unternehmen sehr einfach, jeden Monat einen Abschluss zu erstellen.

10.1 Abgrenzungen mit Accrual Engine

Zum Erfolg eines Unternehmens dürfen nur die Aufwendungen und Erträge gezählt werden, die im laufenden Wirtschaftsjahr auch wirtschaftlich begründet sind. Sobald wirtschaftliche Zugehörigkeit und Zahlung in zwei unterschiedliche Wirtschaftsperioden fallen, müssen die Aufwendungen und Erträge abgegrenzt, das heißt, dem verursachenden Wirtschaftsjahr zugeordnet werden. Grundsätzlich können zwei Vorgänge unterschieden werden:

▶ *Transitorische Abgrenzung*: Zahlungseingang oder Zahlungsausgang erfolgen im aktuellen Wirtschaftsjahr, aber Aufwand bzw. Ertrag gehören zum folgenden Wirtschaftsjahr. In diesem Fall wird die Zahlung über die Bilanzposition *Rechnungsabgrenzungsposten* neutralisiert.

▶ *Antizipative Abgrenzung*: Zahlungseingang oder Zahlungsausgang finden im folgenden Wirtschaftsjahr statt, aber Aufwand oder Ertrag gehören in das aktuelle Wirtschaftsjahr. Durch Bildung einer *sonstigen Verbindlichkeit* oder *sonstigen Forderung* werden der Aufwand bzw. der Ertrag in das aktuelle Wirtschaftsjahr gebucht.

Für die **transitorische Abgrenzung** stellt SAP ein Programm zur Verfügung. Ich stelle Ihnen diesen Vorgang im Folgenden anhand der jährlichen Zahlung einer Versicherung dar:

Ein Unternehmen, welches nur einen Jahresabschluss aufstellt, hat folgende Buchungen, wenn im Dezember eine Versicherung bezahlt wird, deren Leistung/Aufwand aber erst im kommenden Jahr erfolgt.

Nr	Datum	Soll	an	Haben	Betrag
1	12.12.2013	Versicherung	an	Bank	1.200
2	31.12.2013	ARA	an	Versicherung	1.200
3	01.01.2013	Versicherung	an	ARA	1.200

Abbildung 10.1: Bildung und Auflösung eines Rechnungsabgrenzungspostens

Die Überweisung erfolgt am 12.12.2013 und wird zuerst auf das Konto »Versicherung« gebucht. Sofern diese Versicherung aber erst Aufwand im folgenden Jahr bedingt, darf sie in diesem Jahr nicht den Gewinn schmälern. Dazu ist es notwendig, diese Position zu neutralisieren – und zwar, indem zunächst auf das Konto »Aktive Rechnungsabgrenzungsposten« (ARA) gebucht wird. Zu Beginn des neuen Jahres werden der Rechnungsabgrenzungsposten aufgelöst und die Versicherungssumme auf das Konto »Versicherung« gebucht (siehe Abbildung 10.1).

Es ist auch denkbar, dass die Versicherung zum 1. August des laufenden Jahres gebucht wird, das heißt, es sind 5/12 im laufenden Jahr Aufwand und nur 7/12 müssen noch abgegrenzt werden. Die Buchungssätze sind genau wie in Abbildung 10.1 , aber statt 1.200 € werden nur 700 € in das folgende Jahr verschoben.

Meist wird die Versicherung für zwölf Monate bezahlt und stellt in jedem Monat zu 1/12 Aufwand dar. Bei Unternehmen, die einen Monatsabschluss anfertigen, muss auch genau in jedem Monat der darauf entfallende Anteil erfasst werden. Um nicht in jedem Monat manuell die entsprechende Buchung vornehmen zu müssen, stellt SAP die *Accrual Engine* zur Verfügung.

Im Januar wurde eine Versicherung von 3.000 € für das ganze Jahr bezahlt, die pro Monat 250 € ausmacht. Bei einem Monatsabschluss ohne Abgrenzung, wäre der Gewinn im Januar um 2.750 € zu niedrig. Mithilfe der Accrual Engine kann der Betrag von 3.000 € gleichmäßig auf jeden Monat verteilt werden.

Dazu muss zuerst ein *Abgrenzungsobjekt* angelegt werden. Dies geschieht mit der Transaktion ACACTREE01 – Abgrenzungsobjekte anlegen unter dem Pfad RECHNUNGSWESEN • FINANZWESEN • HAUPTBUCH • PERIODISCHE ARBEITEN • MANUELLE ABGRENZUNGEN • ABGRENZUNGSOBJEKTE ANLEGEN.

Wie in Abbildung 10.2 zu sehen, müssen der BUCHUNGSKREIS und ein ABGRENZUNGSOBJEKTTYP angegeben werden. SAP stellt für Versicherungen – im Übrigen auch für Mietverträge – einen eigenen Abgrenzungsobjekttyp zur Verfügung.

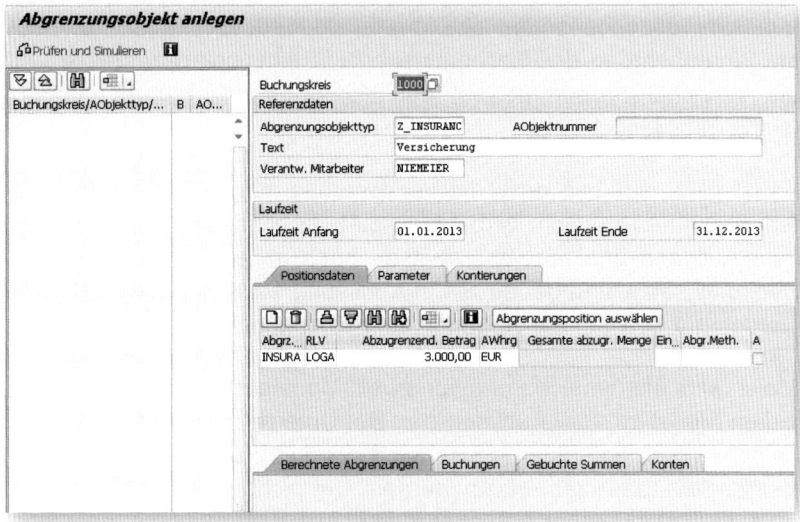

Abbildung 10.2: Abgrenzungsobjekt anlegen

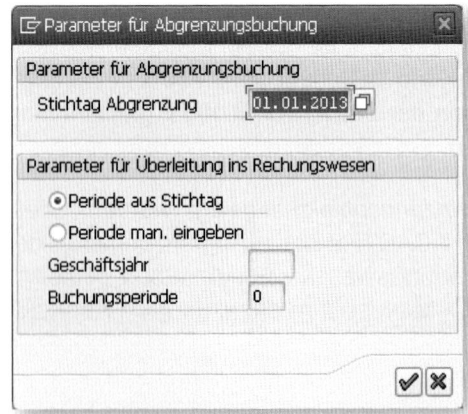

Abbildung 10.3: Prüfen und Simulieren

Mit der Abgrenzungsart wird festgelegt, ob es sich um Kosten oder Erlöse handelt. Die Rechnungslegungsvorschrift bezeichnen die gesetzlichen Regeln, nach denen der Abschluss zu erfolgen hat. Es können internationale Rechnungslegungsvorschriften sein oder örtliche Rechnungslegungsvorschriften wie z. B. das Handelsrecht.

Der Reiter KONTIERUNG ermöglicht es Ihnen, Zusatzangaben wie Kostenstelle, Geschäftsbereich oder Profitcenter anzugeben. Mit dem Button PRÜFEN UND SIMULIEREN erlaubt SAP, zu kontrollieren, ob die bisherigen Einstellungen korrekt waren und die Verteilung der Versicherungssumme wie gewünscht erfolgt (siehe Abbildung 10.3 und Abbildung 10.4).

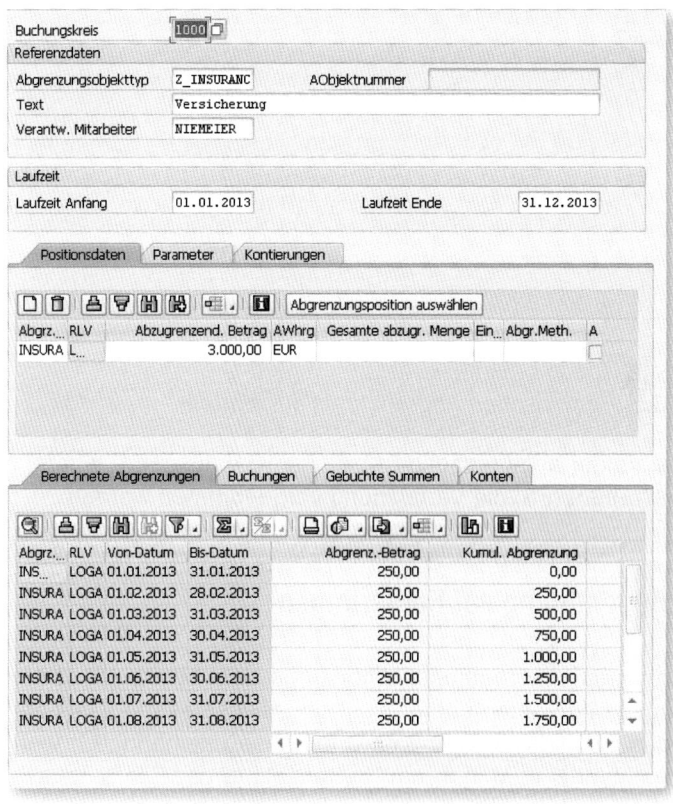

Abbildung 10.4: Berechnete Abgrenzung

Wenn alles zur Zufriedenheit ist, muss das Abgrenzungsobjekt gesichert werden, und die Buchung kann für den 31.1.2013 erfolgen. Hierfür ist die Transaktion ACACACT – Periodischer Abgrenzungslauf zuständig. Die Transaktion ist zu finden unter RECHNUNGSWESEN • FINANZWESEN • HAUPTBUCH • PERIODISCHE ARBEITEN • MANUELLE ABGRENZUNGEN • PERIODISCHEN ABGRENZUNGSLAUF STARTEN.

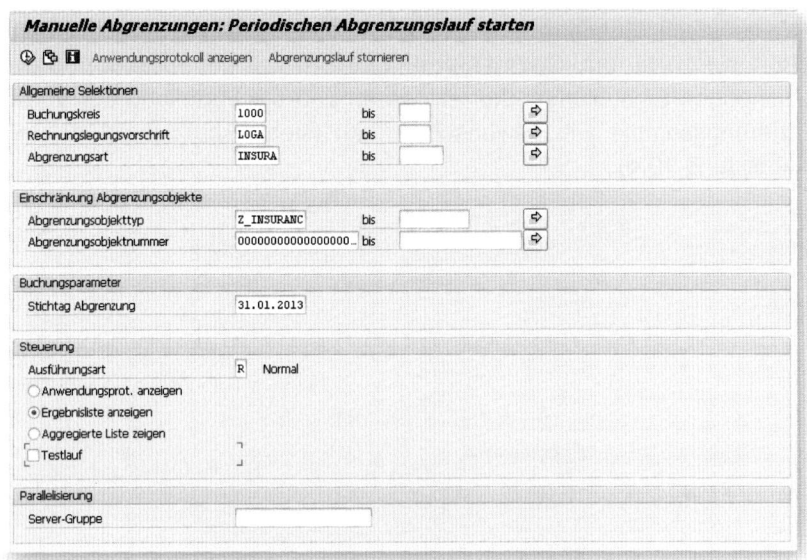

Abbildung 10.5: Periodischen Abgrenzungslauf starten

Nachdem die Felder entsprechend Abbildung 10.5 ausgefüllt wurden, kann mit AUSFÜHREN (F8) die Verbuchung vorgenommen werden.

10.2 Wertberichtigung auf Forderungen

Forderungen eines Unternehmers unterliegen dem Risiko, dass sie aus Gründen, die der Unternehmer nicht beeinflussen kann (Umstände seitens des Schuldners), ganz oder teilweise uneinbringlich werden und dementsprechend in ihrem Wertansatz in der Bilanz berichtigt werden müssen. Handels- und steuerrechtlich können bzw. müssen in Höhe der voraussichtlichen Uneinbringlichkeit Wertberichtigungen (Korrekturen des Wertansatzes) vorgenommen werden, die den Gewinn mindern. Hierzu gibt es drei Möglichkeiten:

▶ Einzelwertberichtigung,

▶ Pauschalwertberichtigung,

▶ gemischtes Verfahren aus Einzel- und Pauschalwertberichtigung.

10.2.1 Einzelwertberichtigung

Es gilt der Grundsatz der Einzelbewertung. Daraus folgt, dass jede Forderung auf Werthaltigkeit untersucht werden muss. Es können unterschiedliche Gründe dazu führen, dass der Debitor die Rechnung nicht bezahlt: Einmal, weil der Debitor nicht mit der Leistung zufrieden ist und daraufhin einen Teil der Zahlung verweigert. Und im Extremfall, weil Zahlungsunfähigkeit des Debitors vorliegt. Unter allen Umständen wird ein Teil der Forderung wertberichtigt. Sollte es sich um eine Insolvenz des Debitors handeln, darf der Betrag zu 100 % wertberichtigt werden. Im Übrigen ist nach vorsichtiger Schätzung der voraussichtliche Ausfall zu bestimmen. Es kann sich ein Forderungsausfall von 1 % bis 100 % ergeben.

10.2.2 Pauschalwertberichtigung

Gerade in Versandhäusern ist es aufgrund der hohen Anzahl an Forderungen fast unmöglich, alle Forderungen auf ihre Werthaltigkeit hin zu untersuchen. Dazu steht das Instrument der *Pauschalwertberichtigung* zur Verfügung. Damit können alle Forderungen einheitlich mit einem festen Prozentsatz wertberichtigt werden.

Die Höhe des Prozentsatzes, der zur Wertberichtigung genutzt wird, muss sich als Erfahrungswert aus der Vergangenheit ergeben. Die Finanzverwaltung erlaubt ohne weitere Begründung mindestens 1 %.

10.2.3 Gemischtes Verfahren

Es ist auch möglich, eine Einzelwertberichtigung neben der Pauschalwertberichtigung einzusetzen. Dazu werden erst einige ausgesuchte Forderungen einzelwertberichtigt und anschließend auf die verbleibenden Forderungen eine Pauschalwertberichtigung angewendet. Dabei muss allerdings ausgeschlossen sein, dass auf ein und dieselbe Forderung beide Verfahren zum Einsatz kommen.

10.2.4 Umsatzsteuer und Wertberichtigung

Unabhängig vom gewählten Verfahren der Wertberichtigung darf solange nicht die Umsatzsteuer berichtigt werden, bis genau feststeht, wie hoch der Ausfall ist. Die Höhe der Wertberichtigung ergibt sich ausschließlich aus dem Nettowert der Forderung.

10.2.5 Gliederung der Forderung

Sofern es möglich ist, Forderungen einer genauen Untersuchung bzgl. der Werthaltigkeit zu unterziehen, können nach Bedarf die Forderungen in drei Gruppen eingeteilt werden:

► Unter *einwandfreie Forderungen* sind alle Forderungen enthalten, deren Zahlungseingang als sicher gilt und bei denen es keiner Wertberichtigung bedarf.

► Die Position *uneinbringliche Forderungen* fasst alle Forderungen zusammen, bei denen gesichert ist, dass kein Zahlungseingang erfolgen wird. In der laufenden Buchhaltung sind die Forderungen auszubuchen und die Umsatzsteuer zu berichtigen.

► Alle Forderungen, deren Zahlungseingang ungewiss ist, werden unter der Position *zweifelhafte (dubiose) Forderungen* aufgenommen. Hier findet eine Wertberichtigung mit der jeweiligen geschätzten Ausfallwahrscheinlichkeit statt.

10.2.6 Buchen einer Einzelwertberichtigung

Für die Buchung einer Einzelwertberichtigung steht die Transaktion unter dem Pfad F.21 – DEBITOREN • BUCHUNG • SONSTIGE • UMBU-CHUNG OHNE AUSGLEICH zur Verfügung.

Abbildung 10.6 zeigt das Einstiegsbild. Die äußere Form der Transaktion entspricht der Allgemeinen Buchung bzw. der Mehrbildtransaktion. Der Buchungsschlüssel für die Buchung in Position 1 ist *19*, er steht in SAP für die Einzelwertberichtigung.

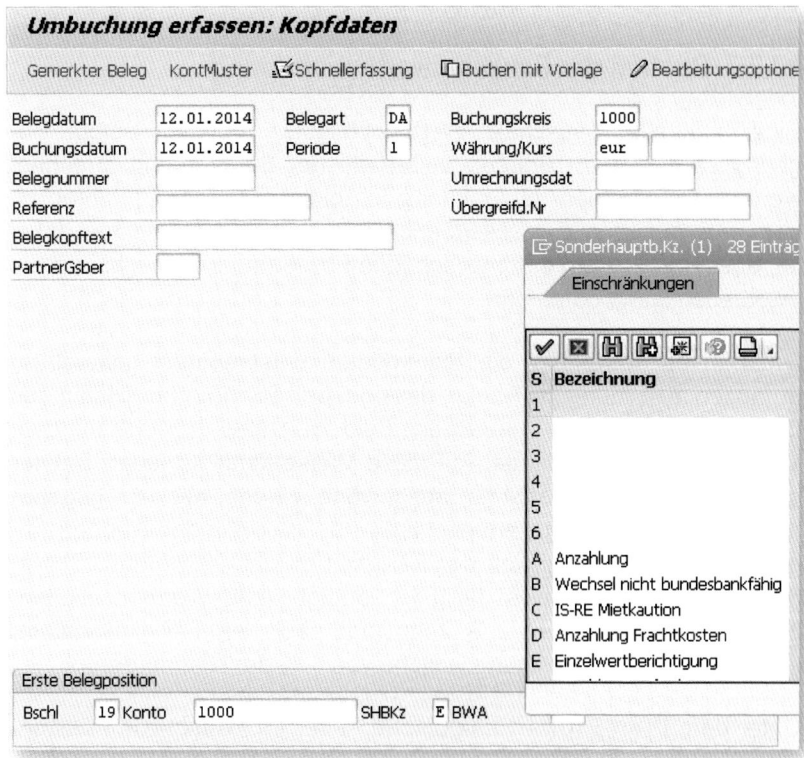

Abbildung 10.6: Einstiegsbild Einzelwertberichtigung

Das nächste Feld SHBKz (Sonderhauptbuchkennzeichen) muss gesetzt werden, damit nicht der Debitor selber korrigiert wird, sondern ein Konto im Hauptbuch, das ausschließlich für die Wertberichtigung zuständig ist. Durch den Sonderhauptbuchvorgang *E* (Einzelwertberichtigung) ist das Abstimmkonto nicht mehr 140000, sondern »142000 Zweifelhafte Forderungen«.

Es ist unüblich, direkt den Debitor zu korrigieren, da durchaus auch später die vollständige Forderung noch beglichen werden kann. Darüber hinaus beinhalten alle Listen die Ausgangsforderung.

10.2.7 Buchen der Pauschalwertberichtigung

Eine manuelle, pauschale Wertberichtigung fußt auf einem Buchungssatz, dessen Beträge außerhalb der Buchführung errechnet werden. Da dies sehr fehleranfällig ist, bietet SAP das Verfahren einer *pauschalierten Einzelwertberichtigung* an. Die Grundidee dabei ist, dass das System automatisch jede Forderung untersucht und die Wertberichtigung durchführt.

Dazu ist es notwendig, die Stammdaten entsprechend manuell zu ergänzen. Abbildung 10.7 zeigt, dass bei den Buchführungsdaten des Debitors unter KONTOFÜHRUNG das Feld WERTBERICHTIGUNG mit dem Verfahren *AB* ausgefüllt ist. Auf diese Weise kann für jeden Debitor ganz individuell ein Verfahren ausgewählt werden, mit dem gegebenenfalls die Forderung wertberichtigt wird. Die Höhe der Wertberichtigung kann in Abhängigkeit der Fälligkeit berechnet werden. Sofern die Forderung noch nicht fällig ist, erfolgt keine Wertberichtigung. Jedoch ab Überfälligkeit, z. B. zehn Tage nach dem Fälligkeitsdatum, erfolgt eine Wertberichtigung in Höhe von 1 % der Nettoforderung.

Unter dem PFAD F107 – PERIODISCHE ARBEITEN • ABSCHLUß • BEWERTEN • WEITERE BEWERTUNGEN kann die Transaktion gestartet werden, die eine automatische Wertberichtigung durchführt.

Abbildung 10.7: Pflegen Stammdaten Debitor zur Wertberichtigung

11 Fazit

Sie haben auf den vergangenen Seiten einen ersten Einblick erhalten, wie Sie sich das SAP-Modul Finanzwesen (Financial Accounting, FI) zunutze machen können. Das mächtige Thema ist schwerlich in einem kurzen Leitfaden wie diesem zu erschlagen. Doch mit der Konzentration auf wichtige Bereiche der Haupt-, Neben- und Anlagenbuchhaltung sowie Bankbuchhaltung und Abschlussarbeiten haben Sie die wesentlichen Aspekte kennengelernt, die Sie als Einsteiger für die Finanzbuchhaltung mit SAP benötigen.

Selbstverständlich unterstützt die SAP-Software Firmen mit vielen weiteren Funktionen rund um das Rechnungswesen. Sollten Sie Interesse an vertiefenden Informationen haben, empfehle ich Ihnen sowohl die beigefügten Aufgaben als auch die kostenfreien SAP-Videos auf der Internetseite *www.FICO-Forum.de.* Damit sollte Ihrem Einstieg in die Welt des SAP-Rechnungswesens nichts mehr im Wege stehen.

12 Demos und Übungsaufgaben

Die SAP-Übungsaufgaben orientieren sich an den gezeigten Beispielen im Buch. Sie bekommen über die Internetseite

http://fico-forum.de/ides.php

die Möglichkeit eines kostenfreien SAP-Systemzugangs. Damit es bei der Nutzung nicht zu Überschneidungen mit anderen Lesern des Buchs kommt, empfehlen wir generell, die Zeichen ## durch eine beliebige Gruppennummer zwischen 00 und 99 zu ersetzen.

12.1 Hauptbuchhaltung

12.1.1 Videos

Navigation in SAP ERP – Grundlagen

http://www.youtube.com/watch?v=m6GcfMYvkh4

Navigation in SAP ERP – Vertiefung

http://www.youtube.com/watch?v=HfuMVTWcb9s

Accrual Engine – manuelle Abgrenzung

http://fico-forum.de/demo/accrual_engine.php

Belegaufteilung

http://fico-forum.de/demo/Belegaufteilung.php

12.1.2 Übungsaufgabe: Anlegen Sachkonten

▶ **Bankkonto 1142##** mit Vorlage 113100. Der Kurz- und Langtext bei ÜBERSETZUNG SPRACHE DEUTSCH soll in Bank ## und Schwäbische Bank ## umgeändert werden.

▶ **Raumkosten 4700##** mit Vorlage 470000. Ändern des Textes in Raumkosten ##; Kostenart anlegen und in Bilanz/GuV-Struktur einfügen.

▶ **Instandhaltungskosten Gebäude 4510##** mit Vorlage 451000. Ebenso Text anpassen, Kostenart anlegen und Bilanz/GuV-Struktur einfügen.

▶ **Kraftfahrzeugkosten** 4750## mit Vorlage 475000. Ebenso Text anpassen, Kostenart anlegen und Bilanz/GuV-Struktur einfügen.

▶ **Büromaterial** 4760## mit Vorlage 476000. Ebenso Text anpassen, Kostenart anlegen und Bilanz/GuV-Struktur einfügen.

12.1.3 Übungsaufgabe: Buchen der Geschäftsvorfälle

Zur Übung wird vorgeschlagen, jede Buchung einmal mit der Einbildtransaktion und anschließend mit der Mehrbildtransaktion durchzuführen.

Entweder kann mit 19 % Umsatzsteuer gerechnet werden, oder mit der für Übungszwecke eingerichteten 10%igen Umsatzsteuer.

Gegenkonto ist das in der ersten Übung eingerichtete Bankkonto.

Bitte buchen Sie die folgen Aufwandspositionen:

▶ Raumkosten 280 €,

▶ Instandhaltungskosten Gebäude 4500 €,

▶ Kfz-Kosten 1200 €,

▶ Büromaterial 980 €.

12.2 Kreditorenbuchhaltung

12.2.1 Videos

Sammelbearbeitung Kreditoren

http://fico-forum.de/demo/Sammelbearbeitung.php

Buchung einer Kreditorenrechnung

http://fico-forum.de/demo/FIAA_4.php

SEPA-Zahlung ausführen

http://fico-forum.de/demo/sepa_2.php

12.2.2 Übungsaufgabe: Anlegen Kreditorenstammdatensätze

Name	OSKAR##
Kontogruppe	Vend
Name, Adresse, Suchbegriff, Bank	Ihrer Wahl
Abstimmkonto	Ihrer Wahl
Finanzdisposition	A1
Zahlungsbedingungen	ZB01
Zahlweg	U
Prüfung doppelter Rechnung	Haken setzen

Mit den gleichen Daten kann ein weiterer Kreditorenstammsatz angelegt werden: **MOEBEL##**.

12.2.3 Übungsaufgabe: Buchen

Vorgaben: jede Rechnung einzeln, Umsatzsteuer automatisch rechnen und Steuersatz 19 %.

Rechnung	1	2	3	4
Beleg- und Buchungs- datum	heute	vor 2 Wochen	1. des letzten Monats	Mitte des letzten Monats
Betrag	150	250	350	450
Referenz	WI##01	WI##02	WI##03	WI##04
Zahlungs- bedingungen	keine Änderung	sofort fällig	keine Änderung	keine Änderung
Zahlweg	keine Änderung	C	keine Änderung	keine Änderung
Text	Ihrer Wahl	Ihrer Wahl	Ihrer Wahl	Ihrer Wahl
Konto	4750##	4750##	4750##	4750##
Kostenstelle	1000	1000	1000	1000

12.2.4 Übungsaufgabe: Änderung der Belege

▶ Setzen Sie die Zahlungsbedingung der Rechnung 1 und Referenz WI##01 im Beleg auf SOFORT FÄLLIG.

▶ Setzen Sie im Beleg der Rechnung 2 und Referenz WI##02 eine Zahlsperre.

12.2.5 Übungsaufgabe: Zahlen

▶ Zahlen Sie mit Datum »heute« und Identifikation WI## (Transaktion F110). Nächstes Buchungsdatum heute + drei Tage. Buchungskreis 1000 und Zahlweg U.

▶ Bereinigen Sie alle Hindernisse, entfernen Sie die Zahlsperre, ändern Sie das Datum für den nächsten Zahllauf etc.

Schauen Sie sich das Ergebnis auf dem Kreditorenkonto an.

12.2.6 Übungsaufgabe: Zusatzaufgabe

▶ Buchen Sie eine Rechnung gegen den Kreditor **MOEBEL##** von 720 € wie oben unter Rechnung 1, nur diesmal Konto 4700##.

▶ Ändern Sie im Beleg die Zahlungsbedingung auf »sofort fällig« und buchen Sie die Zahlung mit der Transaktion F53.

Überprüfen Sie das Ergebnis auf dem Kreditorenkonto.

12.3 Debitorenbuchhaltung

12.3.1 Videos

Mahnlauf

http://fico-forum.de/demo/Mahnlauf.php

Zahlungseingang und Klärungsfälle

http://fico-forum.de/demo/FSCM_1.php

Telefonischer Mahnprozess

http://fico-forum.de/demo/FSCM_2.php

12.3.2 Übungsaufgabe: Anlegen Debitorenstammdatensatz

Es ist der Debitor **Kunde##** anzulegen mit folgenden Daten:

Name	Kunde##
Buchungskreis	1000
Kontengruppe	Debitor allgemein
Allgemeine Daten	
Adresse	Ihrer Wahl
Zahlungsverkehr	Bankverbindung Ihrer Wahl
Buchungskreisdaten	
Abstimmkonto	Ihrer Wahl
Zahlungsbedingung,	ZB01
Mahnverfahren	0001

12.3.3 Übungsaufgabe: Buchen

Buchen Sie eine Rechnung mit dem Betrag 5.000 € zuzüglich Umsatzsteuer sowie dem Rechnung- und Buchungsdatum von heute. In der Transaktion müssen die Zahlungsbedingungen auf »ZB00« gesetzt werden.

Das Gegenkonto ist 800200.

Schauen Sie sich den Beleg an, ohne die Maske zu verlassen, und anschließend suchen Sie den Beleg über DEBITOR • BELEGE.

Schauen Sie sich das Debitorenkonto an.

12.3.4 Übungsaufgabe: Mahnen

Datum zur Ausführung: »heute« und Identifikation AC##.

Schauen Sie sich die Änderungen im Stammdatensatz an, auf der Seite KORRESPONDENZ sowie im Beleg.

12.4 Anlagenbuchhaltung

12.4.1 Videos

Zugang einer Anlage über Verrechnungskonto

http://fico-forum.de/demo/FIAA_2.php

Zugang mittels Kreditorenrechnung

http://fico-forum.de/demo/FIAA_4.php

Zugang mittels Integration über die Materialwirtschaft

http://fico-forum.de/demo/FIAA_5.php

Abschreibungslauf durchführen

http://fico-forum.de/demo/FIAA_3.php

12.4.2 Übungsaufgabe: Anlegen Stammdatensätze

Legen Sie einen Kreditor Drill## an und füllen Sie alle Pflichtfelder aus (siehe ggf. Kapitel 6, Kreditorenbuchhaltung). Anschließend müssen die Stammdatensätze für fünf Bohrmaschinen angelegt werden. Wählen Sie eine geeignete Anlagenklasse. Die Bezeichnung ist Bohrmaschine Drill## 1–5.

12.4.3 Übungsaufgabe: Buchen Einkauf Bohrmaschinen

Es liegen alle Rechnungen vor. Buchen Sie die ersten zwei Belege GEGEN KREDITOR und die letzten drei GEGEN VERRECHNUNGSKONTO.

	Buchungs-datum	Belegdatum	Kreditor	Euro
Drill## 1	heute	heute	Drill##	4.000
Drill## 2	heute	heute	Drill##	5.000
Drill## 3	1. Monat	1. Monat	VerrKto	8.000
Drill## 4	2.1.dJ	2.1.dJ	VerrKto	10.000
Drill## 5	2.1.dJ	2.1.dJ	VerrKto	12.000

12.4.4 Übungsaufgabe: Buchen Verkauf Bohrmaschinen

1. Verkaufen Sie Drill## 4 an Kunde## zu 6.000 €
2. Verkaufen Sie Drill## 5 an Kunde## zu 14.000 €.

Unsere Lösung für Firmenkunden:

Die digitale SAP-Bibliothek

Mobil, Flexibel und Praxisnah

Mehr Informationen unter:

http://onleihe.espresso-tutorials.com

espresso
tutorials

Sie haben das Buch gelesen und sind mit unserem Werk zufrieden? Bitte schreiben Sie uns eine Rezension für dieses Buch!

A Der Autor

Peter Niemeier hat ein Studium der Wirtschaftswissenschaften absolviert, mit Schwerpunkt auf dem Gebiet des Jahresabschlusses nach nationalem und internationalem Recht. Begleitend hat er den Bereich Wirtschaftsinformatik besucht. Anschließend sammelte Herr Niemeier in der Steuerberatung umfangreiche Erfahrungen im Anfertigen von Jahresabschlüssen und den dazugehörigen Unternehmenssteuererklärungen.

Seit nunmehr zehn Jahren liegt sein Tätigkeitsschwerpunkt auf dem Unterrichten – neben der Erwachsenenbildung auch im universitären Bereich. In seinen SAP-Kursen für verschiedene Weiterbildungspartner nimmt das Thema »SAP Financials« einen großen Stellenwert ein.

B Index

U

Überweisung 88
Umsatzsteuer 48, 65, 122, 184
Umsatzsteuerausweis 50

V

Verbindlichkeit 85, 102
Verkauf von Fertigprodukten 121
Verkaufsorganisation 29
Verschrottung 143
Vertriebsbereich 29
Vollzahlung 129
Vorschlagsliste 106
Vorsteuer 48, 65, 87
Vorsteuerüberhang 53

W

Währung 83
We/Re-Konto 118

Werk 26
Wertberichtigung auf Forderungen 182

Z

Zahllast 51
Zahllauf 107, 109, 111, 114
Zahlung 106
Zahlungsbedingung 86, 96, 104, 126, 159
Zahlungseingang 129
Zahlungsfristenbasisdatum 109
Zahlungsprogramm 172
Zahlungsverkehr 97, 98
Zahlungsvorschlag 111
Zahlweg 98, 108, 109
Zahlwegeauswahl 110
Zinskennzeichen 67
Zugangsbuchung 156
Zusatzprotokoll 115

C Disclaimer

Weitere Bücher von Espresso Tutorials

Martin Munzel & Jörg Siebert:

Schnelleinstieg in SAP®

- ▶ Navigieren in SAP
- ▶ Transaktionen, Stammdaten und Prozesse
- ▶ Einfache, nachvollziehbare Beispiele

http://5006.espresso-tutorials.com

Jörg Siebert & Martin Munzel:

E-Bilanz und SAP®

- ▶ Gesetzliche Vorgaben und zeitlicher Ablauf
- ▶ Abbildung von Handels- und Steuerbilanz in SAP
- ▶ SAP Disclosure Management oder Drittsoftware?

http://5003.espresso-tutorials.com

Ulrich Schlüter & Jörg Siebert:

SAP® HANA für ERP Financials

- ▶ Grundlagen von SAP HANA
- ▶ HANA-Anwendungen in ERP Financials
- ▶ ERP-basierte Konfiguration von HANA

http://5010.espresso-tutorials.com

Claus Wild & Jörg Siebert:

SEPA und SAP®

▶ IBAN und BIC in den Stammdaten etablieren

▶ Zahlungswege für SEPA konfigurieren

▶ Mandatsverwaltung aufsetzen

http://5021.espresso-tutorials.com

Stefan Eifler:

Schnelleinstieg in die SAP®-Ergebnisrechnung (CO-PA)

▶ Deckungsbeitragsrechnung erfolgreich aufbauen

▶ Wertefluss definieren, Planung optimieren

▶ Inklusive 5 Video-Tutorials

http://5001.espresso-tutorials.com

Martin Munzel:

New SAP® Controlling Planning Interface

▶ Introduction to Netweaver Business Client

▶ Flexible Planning Layouts

▶ Plan Data Upload from Excel

http://5011.espresso-tutorials.com

Claus Wild:

Neuerungen im Kontoauszug in SAP® ERP

- ▶ Elektronischer Kontoauszug für Fortgeschrittene
- ▶ XML-basierte Kontoauszüge, SWIFT MT942
- ▶ Neuerungen ab EhP 5 und 6

http://5022.espresso-tutorials.com

Dieter Schlagenhauf & Jörg Siebert:

SAP® Fixed Assets Accounting (FI-AA)

- ▶ Processes and Functions in SAP ERP Financials
- ▶ Validation and Reporting for IFRS
- ▶ Posting Examples
- ▶ Periodic Activities Explained

http://5023.espresso-tutorials.com

Michael Esser:

Investment Project Controlling with SAP®

- ▶ SAP ERP functionality for investment controlling
- ▶ Concepts, roles and different scenarios
- ▶ Effective planning and reporting

http://5008.espresso-tutorials.com

Claudia Jost:

Praktische Einführung in Balanced Scorecard

▶ Perspektiven der Balanced Scorecard

▶ Kennzahlen und Maßnahmen

▶ Umsetzungsmöglichkeiten in SAP

http://5025.espresso-tutorials.com

Ingo Licha:

Rechnungsprüfung mit SAP ERP (MM)

▶ Logistische Rechnungsprüfung im Kontext von SAP ERP

▶ Rechnungssperren, Freigaben und Vorabzahlungen

▶ Methoden der SAP-Rechnungsprüfung (Transaktion MIRO)

http://5026.espresso-tutorials.com

Martin Peto & Katrin Klewinghaus:

Reporting im SAP®-Finanzwesen

▶ SAP-Informationssysteme im Überblick

▶ Einsatzmöglichkeiten und Grenzen des SAP QuickViewers

▶ Standard-Reporting mit SAP List Viewer (ALV)

▶ Aufbau von SAP Queries mit Praxisbeispiel

http://5034.espresso-tutorials.com

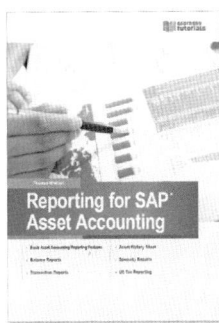

Thomas Michael:

Reporting for SAP® Asset Accounting

▶ Basic Asset Accounting Reporting Features

▶ Asset History Sheet

▶ Balance Reports

▶ Transaction Reports

http://5029.espresso-tutorials.com

Robin Schneider:

Investitionsmanagement mit SAP®

▶ Planung, Budgetierung und Reporting

▶ Integration mit anderen SAP-ERP-Komponenten

▶ Investitionsmaßnahmen abrechnen

▶ Übersicht über das Customizing im Modul IM

http://5002.espresso-tutorials.com

Mathias Furlan:

Migrationen in SAP® ERP Financials

▶ Migration von Bilanzpositionen, GuV-Positionen, offenen Posten, Anlagen

▶ Fachliche, rechtliche und technische Anforderungen an Migrationsprojekte

▶ Abstimmverfahren zur Validierung der Migration

http://5041.espresso-tutorials.com

Mehr Wert für Ihr SAP®!

Was unsere Arbeit auszeichnet, ist die Fähigkeit, uns in die Situation jedes Kunden hineinzudenken.

Nach 15 Jahren Projektarbeit stehen wir an fünf Standorten in der Schweiz und Deutschland unseren Kunden mit »congenialen« Lösungen für den gesamten Lebenszyklus ihrer SAP®-Systeme zur Verfügung.

Spezialisten sind wir für die Bereiche:

- ▶ Basis
- ▶ Rechnungswesen
- ▶ Logistik
- ▶ Business Intelligence

Interesse?

Besuchen Sie uns unter *www.consolut.com* oder schreiben Sie an info@consolut.com.

solutions + value